无线传感器网络关键技术及应用研究

刘洋 铁勇 著

中国水利水电出版社
www.waterpub.com.cn
·北京·

内 容 提 要

无线传感器网络是近几年来国内外研究和应用的热门领域,在国民经济建设和国防军事上具有十分重要的应用价值。

本书从实用和科研的角度出发,比较全面、系统地论述了无线传感器网络中的关键技术及其在工程中的应用,主要内容涵盖了无线传感器网络的协议标准、无线传感器网络的 MAC 协议、无线传感器网络的传输协议等。

本书结构合理,条理清晰,内容丰富新颖,可供从事无线传感器网络的工程技术人员参考使用。

图书在版编目(CIP)数据

无线传感器网络关键技术及应用研究 / 刘洋,铁勇著. -- 北京 : 中国水利水电出版社,2018.6(2022.9重印)
ISBN 978-7-5170-6577-7

Ⅰ. ①无… Ⅱ. ①刘… ②铁… Ⅲ. ①无线电通信－传感器 Ⅳ. ①TP212

中国版本图书馆CIP数据核字(2018)第138099号

书 名	无线传感器网络关键技术及应用研究
	WUXIAN CHUANGANQI WANGLUO GUANJIAN JISHU JI YINGYONG YANJIU
作 者	刘洋 铁勇 著
出版发行	中国水利水电出版社
	(北京市海淀区玉渊潭南路 1 号 D 座 100038)
	网址:www.waterpub.com.cn
	E-mail:sales@waterpub.com.cn
	电话:(010)68367658(营销中心)
经 售	北京科水图书销售中心(零售)
	电话:(010)88383994、63202643、68545874
	全国各地新华书店和相关出版物销售网点
排 版	北京亚吉飞数码科技有限公司
印 刷	天津光之彩印刷有限公司
规 格	170mm×240mm 16 开本 13.25 印张 237 千字
版 次	2018 年 10 月第 1 版 2022 年 9 月第 2 次印刷
印 数	2001—3001 册
定 价	62.00 元

前　言

　　进入 21 世纪以来，随着信息技术与感知技术的快速发展，以及人们对于物理世界信息需求的不断增长，物联网作为一种能够实现物与物之间广泛和普遍互联的新型网络，正在受到世界各国越来越广泛的关注和重视。目前，业界普遍认为，物联网将继计算机、互联网和移动通信之后掀起一次新的信息产业革命，成为未来社会进步和发展的重要基础设施，将给人们的日常生活带来翻天覆地的变化。

　　无线传感器网络作为物联网的"末梢神经"，是一种集综合信息采集、处理和传输功能于一体的智能网络信息系统。无线传感器网络由大量传感器节点组成，这些传感器节点被部署在指定的地理区域，通过无线通信和自组织方式形成无线网络，能够实时感知与采集指定区域内的各种环境数据和目标信息，并将所感知与采集到的数据和信息传送给监控中心或终端用户，实现对物理世界的感知、人与物理世界之间的通信和信息交互。如果说互联网的出现改变了人与人之间的沟通方式，那么无线传感器网络的出现将改变人类与自然界之间的交互方式，使人类可以通过无线传感器网络直接感知客观世界，极大地提高人类认识、改造物理世界的能力。因此，无线传感器网络在民用和军事领域具有十分广阔的应用前景。在民用领域，无线传感器网络可以应用于环境监测、工业控制、医疗健康、智能家居、科学探索、抢险救灾和公共安全等方面；在军事领域，无线传感器网络可以应用于国土安全、战场监视、战场侦察、目标定位、目标识别、目标跟踪等方面。

　　无线传感器网络能够实现对物理世界的感知，是实现物联网的重要基础。无线传感器网络技术涉及微电子、网络通信和嵌入式计算等主要技术，是当前国际上备受关注的、多学科交叉的一个前沿热点研究领域。由于无线传感器网络拥有广阔的应用前景，近年来引起了国际上许多国家的高度重视。因此，无线传感器网络在过去的十多年中得到了广泛、深入的研究，并在基础理论、关键技术和实际应用等方面取得显著的成果。尽管一些商用的无线传感器网络系统已经出现，并开始投入实际应用，然而，无线传感器网络在传感器、组网、节能、可靠性等技术方面仍然受到许多限制,特别是针对物联网发展来说,许多相关技术和问题还有待进一步探索、研究和解决。

全书由刘洋教授、铁勇教授撰写,编撰过程中得到了刘晋宏、赵小燕、周红丽、吴琼、李琪、李媛、冯浩宇、王海舰、龚政、侯丽娜、沈钦民等研究生的帮助。本书参考了大量相关文献和著作,在此向有关作者表示感谢。本书得到了国家自然科学基金(61461036,61761033)的资助。

由于作者水平所限,书中难免有疏漏和不妥之处,敬请有关专家学者和广大读者批评指正。

作者

2018 年 5 月

目　录

前言

第1章　概述 ……………………………………………………… 1

　　1.1　无线传感器网络的概念与特征 …………………………… 1

　　1.2　无线传感器网络的关键技术 ……………………………… 4

　　1.3　无线传感器网络的设计目标 ……………………………… 7

　　1.4　无线传感器网络的应用领域 ……………………………… 10

　　1.5　无线传感器网络的发展与现状 …………………………… 12

第2章　无线传感器网络的协议标准 …………………………… 16

　　2.1　概述 ………………………………………………………… 16

　　2.2　无线传感器网络技术 ……………………………………… 17

　　2.3　ZigBee 标准 ………………………………………………… 24

第3章　无线传感器网络的 MAC 协议 …………………………… 34

　　3.1　概述 ………………………………………………………… 34

　　3.2　无线传感器网络的 MAC 协议设计 ……………………… 39

　　3.3　无线传感器网络的 MAC 协议 …………………………… 43

第4章　无线传感器网络的传输协议 …………………………… 57

　　4.1　概述 ………………………………………………………… 57

　　4.2　无线传感器网络的传输协议设计 ………………………… 61

　　4.3　无线传感器网络的拥塞控制基本机制 …………………… 63

　　4.4　无线传感器网络的可靠传输基本机制 …………………… 67

　　4.5　无线传感器网络的典型传输协议 ………………………… 69

第5章　无线传感器网络的时间同步技术 ……………………… 79

　　5.1　概述 ………………………………………………………… 79

　　5.2　无线传感器网络的时间同步协议 ………………………… 82

第6章　无线传感器网络的拓扑控制技术 ……………………… 89

　　6.1　概述 ………………………………………………………… 89

　　6.2　基于功率控制的拓扑控制机制 …………………………… 92

　　6.3　基于层次结构的拓扑控制机制 …………………………… 94

第7章　无线传感器网络的定位技术 ···································· 99

7.1　概述 ··· 99

7.2　无线传感器网络的定位技术基础 ····························· 101

7.3　无线传感器网络的定位算法 ··································· 105

第8章　无线传感器网络中间件技术 ···························· 108

8.1　无线传感器网络中间件的体系结构及功能 ··············· 108

8.2　基于 Agent 的无线传感器网络中间件 DisWare ········ 113

8.3　DisWare 中间件平台软件 MeshIDE ······················· 116

8.4　无线多媒体传感器网络中间件技术 ························ 121

8.5　支持多应用任务的 WSN 中间件的设计 ·················· 124

第9章　无线传感器网络的数据融合与管理技术 ············ 128

9.1　无线传感器网络的数据融合概述 ·························· 128

9.2　无线传感器网络的数据融合技术与算法 ·················· 130

9.3　无线传感器网络的数据管理技术 ·························· 139

9.4　基于策略和代理的无线传感器网络的数据管理架构 ····· 146

9.5　现有传感器网络数据管理系统简介 ························ 148

第10章　无线传感器网络的安全技术 ························· 155

10.1　无线传感器网络的安全问题概述 ························· 155

10.2　无线传感器网络协议栈的安全 ··························· 162

10.3　无线传感器网络的密钥管理 ····························· 167

10.4　拒绝服务(DoS)攻击的原理及防御技术 ················· 170

10.5　无线传感器网络的安全路由 ····························· 178

第11章　无线传感器网络的发展趋势 ························· 182

11.1　概述 ··· 182

11.2　无线传感器网络的总体趋势 ····························· 183

11.3　无线多媒体传感器网络 ··································· 186

11.4　无线容迟传感器网络 ······································ 191

11.5　无线传感器与执行器网络 ································· 196

11.6　无线传感器网络的标准化趋势 ··························· 199

参考文献 ·· 202

第1章 概　述

　　无线传感器网络是集信息采集、信息处理和信息传输功能于一体的智能网络信息系统。该网络信息系统能够实时地感知和收集各种环境数据和目标信息，实现人与自然世界的交流和信息交互，在军事和民用领域具有广阔的应用前景。无线传感器网络技术是最终实现物联网的关键基础，它涉及微电子、网络通信和嵌入式计算等主要技术，目前该技术在行业内依旧属于研究热点。本章介绍无线传感器网络的概念、特点、关键技术、设计目标、应用领域以及发展与现状。

1.1　无线传感器网络的概念与特征

　　无线传感器网络是一种新型的无线网络，与传统的无线网络相比，它有其自身的特点。本节简要介绍无线传感器网络的基本概念及其主要特征。

1.1.1　无线传感器网络的概念

　　随着微电子机械系统（MEMS）的迅速发展，无线通信和嵌入式计算技术逐渐趋于成熟。低成本、低功耗、多功能的微传感器在近几年得到了快速发展。集成传感器、嵌入式微处理器和无线收发设备占地面积小，不仅具有收集信息的能力，还具有数据处理和无线通信的能力。无线传感器网络（WSN）是一个面向任务的无线自组织网络系统，由大量的微传感器节点组成。这些传感器节点密集部署在一个特定的地理区域，通过无线通信和自组织形成的一个多跳无线网络，感知、采集、处理和监测在目标域的各种环境数据和信息，并将采集到的数据和信息传输到监控中心并和终端用户配合完成指定任务。通过使用不同类型的传感器，无线传感器网络可以测量各种物理信息，如温度、湿度、亮度、噪声、压力、大小、速度和运动物体的方向。

无线传感器网络是一种新型的信息感知和数据采集网络系统。它能够在任何时间、任何地点和任何环境中获取各种详细和准确的环境数据或目标信息,并完成对物理世界的感知,以及与物理世界进行交流和信息交换。假如说互联网的出现改变了人们相互沟通的方式,那么无线传感器网络的出现将改变人类与自然界的互动方式,使人类能够通过无线传感器网络直接感知客观世界,并在很大程度上提高人类的理解度以及改变现实世界的能力。因此,无线传感器网络在民用和军事领域具有非常广阔的应用前景。在民用领域,无线传感器网络可用于环境监测、工业控制、医疗保健、智能家居、科学探索、救灾和公共安全;在军事领域,无线传感器网络主要用于国土安全、战场监视和战场侦察、目标定位、目标识别和目标跟踪。

由于无线传感器网络具有广阔的应用前景,近年来引起了世界各国的高度重视。1999 年,美国《商业周刊》将无线传感器网络技术列为 21 世纪最重要的 21 项技术之一。相信这项技术将对未来的社会进步和人类生活产生重大影响。可以预见,随着无线传感器网络技术的不断发展,各种无线传感器网络将广泛应用于各个领域,并极大地改变人们的生活、工作和与物理世界的互动方式。

1.1.2　无线传感器网络的特征

无线传感器网络是一个面向任务的无线自组织网络系统,它一般由部署在监视区域的大量传感器节点和位于该区域附近或该区域的一个甚至多个数据收集节点组成。这些传感器节点占地面积小,但配备了传感器、嵌入式微处理器和无线收发器,具有数据采集、数据处理和无线通信功能。通过无线通信和自组织网络的形成,对各种环境数据和目标信息的监控区域的监控和管理,将监控的数据和信息传输到汇聚节点,合作监测完成规定的工作。同时,传感器节点还可以通过汇聚节点作为网关与现有的网络基础设施(如互联网、卫星网络、移动通信网络等)连接,以便将收集到的数据和信息传输到远程监控中心或终端用户。

无线传感器网络是一种特殊的无线自组织网络,它与传统的无线自组织网络有许多相似之处,主要体现在自组织、分布式控制、拓扑动态等特性。

(1)自组织特性

在绝大多数的无线传感器网络中,传感器节点一般都是随机安装的,节点的位置和节点之间的相邻关系没有办法提前预知。例如,大量的传感器节点在广袤的原始森林中播撒,或者传感器节点通过飞机投射到敌人的战区。因此,传感器节点需要具有自组织能力。部署后,它可以在任何时间和任何地点自动构建多跳无线网络。网络不依赖任何固定的网络设施,当网络拓扑发生变化时,它可以自动重建网络。

(2)分布式控制特性

无线传感器网络没有严格的控制中心,所有传感器节点状态相同,节点通过分布式控制进行协调,这是一个分布式传感网络。节点可以随时连接或离开网络。任何节点的故障不会影响整个网络的运行,具有很强的抗毁性。

(3)拓扑动态特性

由于各种因素,无线传感器网络的拓扑结构将会频繁变化。例如,环境条件的变化会影响无线信道的质量并导致通信链路的不连续性。由于工作环境的自然条件十分恶劣,传感器节点很容易损坏。由于各种原因,它可能随时失效。节点因能量耗尽而死亡。节点将加入或离开网络,一些节点和监控目标具有移动性。所有这些情况都会改变网络的拓扑结构。因此,无线传感器网络的拓扑结构具有动态的特性。

但是,无线传感器网络与一般意义上的无线自组织网络仍旧有很大的不同,这些不同表现在网络规模大、节点容量有限、节点可靠性差、以数据为中心、多对一传输模式、冗余高度、应用相关性等方面。

1)网络规模大。为了保证网络的有效可靠运行,获得准确的监测数据或目标信息,无线传感器网络通常需要大规模部署在指定的地理区域。其中,大规模主要包括两个方面:一方面,传感器节点的分布较大,节点数目较大。例如,在森林防火或环境监测中,通过传感器网络,我们需要部署大量的传感器节点,数量成千上万;另一方面,传感器节点的密度很高,在一个很小的区域,有许多密集部署的传感器节点。与传统的无线自组织网络相比,节点数量和密度提高了好几个数量级。无线传感器网络不依赖于单个节点的能力,而是通过大量冗余节点共同完成所分配的任务。

2)节点能量有限。传感器节点通常由电池供电。由于传感器节点的体型迷你化,节点的电池容量非常有限。在大多数情况下,一方面,当传感器节点部署在自然条件比较艰苦或敌对的环境中时,很难或不可能对电池进行充电。因此,传感器节点的能量受到很大程度上的限制,这种限制又反馈回来,对节点的工作寿命和网络的生命周期有着决定性的影响;另一方面,传感器节点成本低、体积小,相当大程度上限制了节点的处理能力和存储容量,使其无法进行复杂的计算。此外,传感器节点在体积、能量方面的限制会在很大程度上影响节点的通信能力。

3)节点可靠性差。无线传感器网络往往安装在陌生或敌对环境中。传感器节点大部分情况下处于没有人看护的状态,这就给节点和网络的维护增加了难度,使其变得不容易或者基本很难完成。因此,传感器节点容易损坏或出现故障。

4)以数据为中心。无线传感器网络是一个以数据为中心的网络,用户通常只关心指定区域内所监测对象的数据,而不关心某个具体节点所监测到的数据。用户在查询数据或事件时,通常直接将所关心的对象或事件发布给网络,网络不传输到网络中的特定节点,而是在获取指定对象或事件的信息后向用户报告。这是无线传感器网络以数据为中心的特性。它不同于传统的网络寻址过程,它能够快速、有效地收集所有节点的信息,并提取有用的信息,直接发送给最终用户。

5)多对一传输模式。在无线传感器网络中,节点收集和监测的信息和数据往往不是从一个源节点传输到汇聚节点,给汇聚节点传输数据的源节点通常有多个,并呈现多对一的数据传输方式。这种数据传输模式和以往传统网络的传输模式有很大的不同。

6)冗余度高。无线传感器网络一般使用非常多的传感器节点来协同完成限制性工作。这些节点密集部署在指定的地理区域。多传感器节点获取的数据和信息通常具有较强的相关性和较高的冗余度。

7)应用相关性。无线传感器网络是面向任务或面向应用的网络。不同的传感器网络关注不同的物理量。网络设计有不同的要求,它的硬件平台,软件系统和网络协议也会有很大的不同。因此,无线传感器网络不能使用互联网等统一通信协议。传感器网络通常需要针对特定应用进行设计。这是传感器网络设计的一个显著特征,它与传统的网络设计不同。

1.2　无线传感器网络的关键技术

无线传感器网络的基本概念最初在 35 年前已经被提出。当时,由于传感器、计算机和无线通信等技术的限制,这个概念只是一种想象,并不能成为一种可以广泛应用的网络技术,它的应用主要局限于军事系统。近年来,随着 MEMS 技术、无线通信技术和低成本制造技术的进步,开发和生产具有感知、处理和通信能力的低成本智能传感器成为可能,从而推动了无线传感器网络及其应用的快速发展。

1.2.1　微机电系统技术

微机电系统(MEMS)技术是制造微型、低成本、低功耗传感器节点的关键技术。该技术以微细加工技术为基础,用于制造微米级机械零件。采用高度集成的工艺,可以制造各种机电元件和复杂的微机电系统。微细加工技术种类繁多,如平面加工、批量加工、表面加工等,它们采用不同的加工工序。大部分微型机械加工工序都是在一个 $10\sim100~\mu m$ 厚,由硅、晶状半导体或石英晶体组成的基片上,完成一系列加工步骤,比如,薄膜分解、照相平版印刷、表面蚀刻、氧化、电镀、晶片接合等,不同的处理过程可以有不同的处理步骤。通过将不同的组件集成到衬底上,可以大大减少传感器节点的大小。MEMS 技术可用于小型化的传感器节点的很多部分,如传感器、通信模块和电源单元。通过批量生产,节点的成本和功耗也可以大幅度降低。

1.2.2　无线通信技术

无线通信技术是保证无线传感器网络正常运行的关键技术。近几十年来,无线通信技术在传统无线网络领域得到了广泛的应用,并在各个方面取得了长足的进步。在物理层,设计了不同的调制、同步和天线技术,以适应不同的网络环境。在链路层、网络层和更高的水平,各种有效的通信协议已被开发来解决各种网络问题,如信道访问控制、路由选择、服务质量、网络安全性。这些技术和协议为无线传感器网络的设计提供了丰富的技术基础。

目前,大多数传统的无线网络使用射频(RF)进行通信,包括微波和毫米波。主要原因是射频通信不需要视距传输,提供全向连接。然而,射频通信也存在着辐射大、传输效率低等缺陷。因此,它不是微能量和有限传感器通信的最佳传输介质。光无线通信(无线光通信)是另一种适用于传感器网络通信的传输介质。与射频通信相比,无线光通信具有许多优点。例如,光发射机可以做得很小,可以获得天线增益大的光信号,提高传输效率;光通信具有强大的方向性,因此可以用于 SDMA(空分多址,Space Division Multiple Access),减少通信开销,并且可以具有多个接入以获得比 RF 通信更高的能量效率。然而,光通信需要视距传输,这限制了其在许多传感器网络中的应用。

对于传统的无线网络(如蜂窝式通信系统、无线局域网络、移动 Ad Hoc 网络等),考虑到无线传感器网络的特殊问题,大多数的通信协议不好设计,并且不能被直接应用到传感器网络。为了解决无线传感器网络独特的网络问题,在通信协议的设计中必须将无线传感器网络的特点考虑进去。

1.2.3 硬件与软件平台

无线传感器网络的发展很大程度上依赖于低成本、低功耗的传感器网络软硬件平台的开发和发展。采用微机电系统技术,可大幅度减少传感器节点的体积并降低其成本。为了降低节点功耗,能量传感技术和低功耗电路和系统设计技术可用于硬件设计。同时,动态电源管理(动态管理,Dynamic Power Management,DPM)技术也可以用来有效地管理各种系统资源和进一步降低节点的功耗。例如,当节点负载较小或无需处理负载时,可以动态地关闭所有空闲部分或使它们进入低功耗休眠状态,从而大大降低节点的功耗。另外,如果将能量传感技术应用于系统软件的设计中,可以大大提高节点的能量利用率。传感器节点的系统软件主要包括操作系统、网络协议和应用协议。在操作系统中,任务调度器负责在一定的时间约束条件下调度系统的各项任务。如果在任务调度过程中采用能量感知技术,将能够有效延长传感器节点的寿命。

目前,许多低功率传感器硬件和软件平台的开发都采用了低功率电路与系统设计技术和功率管理技术,这些平台的出现和商用化进一步促进了无线传感器网络的应用和发展。

1. 硬件平台

传感器节点的硬件平台可以划分为三类:增强型通用个人计算机、专用传感器节点和基于片上系统(System-on-Chip,SoC)的传感器节点。

(1)增强型通用个人计算机

这类平台包括各种低功耗嵌入式个人计算机(如 PC104)和个人数字助理(Personal Digital Assistant,PDA),它们通常运行市场上已有的操作系统(如 Win CE 或 Linux),并使用标准的无线通信协议(如 IEEE 802.11 或 Bluetooth)。与专用传感器节点和片上系统传感器节点相比,这些类似个人计算机的平台具有更强的计算能力,从而能够包含更丰富的网络协议、编程语言、中间件、应用编程接口(API)和其他软件。

(2)专用传感器节点

这类平台包括 Berkeley Motes、UCLA Medusa 和 MIT μAMP 等系列,这些平台通常使用市场上已有的芯片,具有波形因素小、计算和通信功耗低、传感器接口简单等特点。

(3)基于片上系统的传感器节点

这类平台包括 Smart Dust 和 BWRC PicoNode 181 等,它们基于

CMOS、MEMS 和 RF 技术,目标是实现超低功耗和小焊垫(Footprint),并具有一定的感知、计算和通信能力。

在上述所有平台中,Berkeley Motes 因其波形因素小、源码开放和商用化等特点,在传感器网络研究领域得到广泛使用。

2. 软件平台

软件平台可以是一个提供各种服务的操作系统,包括文件管理、内存分配、任务调度、外设驱动和联网,也可以是一个为程序员提供组件库的语言平台。典型的传感器软件平台包括 TinyOS、nesC、TinyGALS 和 Mote 等。TinyOS 是在资源受限的硬件平台(如 Berkeley Motes)上支持传感器网络应用的最早期的操作系统之一。这种操作系统由事件驱动,仅使用 178 个字节的内存,但能够支持通信、多任务处理和代码模块化等功能。它没有文件系统,仅支持静态内存分配,能实现简单的任务调度。nesC 是 C 语言的扩展,用以支持 TinyOS 的设计,提供了一组实现 TinyOS 组件和应用的语言构件和限制规定。TinyGALS 是一种用于 TinyOS 的语言,它提供了一种由事件驱动并发执行多个组件线程的方式。与 nesC 不同,TinyGALS 是在系统级而不是在组件级解决并发性问题。Mote 是一种用于 Berkeley Motes 的虚拟机,它定义了一组虚拟机指令来抽象一些公共的操作,如传感器查询、访问内部状态等。因此,用 Mote 指令编写的软件不需要重新编写就可以用于新的硬件平台。

1.3　无线传感器网络的设计目标

无线传感器网络的特征及其不同应用的要求对传感器网络的设计目标有着非常大的影响,这些设计目标主要包括以下几个方面。

1. 节点容量

降低节点容量是无线传感器网络的主要设计目标之一。传感器节点通常部署在恶劣的环境中,减少节点容量有助于节点的部署,也有助于降低节点的成本和功耗。

2. 节点成本

降低节点成本是无线传感器网络的另一个主要设计目标。由于传感器节点通常部署在恶劣的环境,它们不能重复使用,因此必须尽可能地减少节点的成本,以降低整个网络的开销。

3. 节点功耗

无线传感器网络中最重要的设计目标是减少节点的功耗。由于传感器节点由电池供电并具有有限的能量,并且往往部署在恶劣的环境中。这就给更换电池和对电池充电增加了困难。因此,节点功率的降低对于延长传感器节点的生命周期和整个网络的生命周期具有举足轻重的作用。

4. 可自组性

在无线传感器网络中,传感器节点的部署通常不是按预先设计、规划进行的,而是随机撒播或部署在某一指定区域。一旦部署完毕,传感器节点必须能够自动组网,并在网络拓扑发生变化或节点出现故障时,能够重新组织节点连接。

5. 可扩展性

对于不同的传感器网络应用,所需要的传感器节点数可以从几十、几百到几千、几万,甚至更多。因此,传感器网络协议的设计应具有强大的可扩展性。

6. 自适应性

在无线传感器网络中,节点的密度和网络拓扑可以通过连接、移动或故障等因素来改变。因此,传感器网络协议的设计应该能够适应密度和拓扑结构的变化。

7. 可靠性

对于许多传感器网络应用程序,所收集的数据和信息可以可靠地传输到聚合节点或数据处理中心。因此,一方面,传感器网络协议的设计必须提供差错控制和纠错机制,以保证可靠的数据传输;另一方面,传感器节点通常在恶劣的环境中工作,处于无人值守的状态,这很容易失效。因此,传感器节点应该具备自检、自维护、自恢复能力。

8. 安全性

在许多传感器网络的军事应用中,传感器节点部署在恶劣的环境中,容易受到被动窃听或主动入侵。因此,无线传感器网络必须引入有效的安全机制,防止数据被窃取或恶意攻击。

9. 资源利用率

由于采用无线信道,网络的带宽资源十分有限。因此,网络通信协议的设计必须尽可能高效地利用有限的带宽,以提高网络的带宽利用率。

10. 服务质量

在无线传感器网络中,不同的应用在传输迟延和分组丢失率等服务质量方面有不同的要求。例如,一些应用要求实时的数据传输,对传输迟延要求较高,如地震、火灾监测;另一些应用能够容忍传输迟延但不允许数据出错或丢失,如科学探索中的数据采集。因此,网络协议的设计必须考虑具体应用的服务质量要求。

大多数无线传感器网络都是与应用相关的,必须满足不同应用的要求。因此,在实际中没有必要、也不可能在一个网络中实现以上所有的设计目标。在设计一个具体的传感器网络时,只需考虑部分设计目标以满足网络应用的要求。

无线传感器网络的特征给实现上述设计目标增加了许多技术难度,主要包括以下几个方面。

(1)大规模随机部署

无线传感器网络通常使用随机播种或放置方法在给定区域内部署大量传感器节点。部署完成后,传感器节点必须能够以临时方式构建网络。由于节点数量大,部署节点密度高,组网难度增大。

(2)有限节点能量

传感器节点由电池供电,能量非常有限。这种能量限制增加了传感器节点软硬件开发的难度和网络协议的设计。为了延长网络的寿命,在传感器网络设计的各个方面都要充分考虑到能源效率,这不仅在硬件和软件的开发上,而且在网络协议的设计中也要充分考虑。

(3)有限硬件资源

传感器节点的处理和存储能力有限,只能执行简单的计算功能。在这样的约束下,传感器网络的软件开发和网络协议设计不仅要考虑传感器节点的能量约束,还要考虑传感器节点的处理和存储能力,这给传感器网络的软件开发和网络协议设计带来了新的困难。

(4)动态拓扑变化

无线传感器网络通常在恶劣的环境下工作。网络的拓扑结构由于节点的失效、损伤、进入、移动或能量消耗而不断变化。所使用的无线信道噪声大,容易出错。随着时间的推移,信道的衰落或信号的衰减会导致网络连接的频繁中断和拓扑结构的频繁变化。传感器网络协议必须能够动态地适应这种拓扑变化。

(5)多样应用

无线传感器网络具有很广泛的应用范围,能够提供各种不同的应用,不同应用的要求有很大的差别。因此,一个传感器网络协议不可能满足所有应用的要求,传感器网络的设计必须针对不同应用的具体要求进行。

1.4 无线传感器网络的应用领域

传感器可用于感知或监测各种物理参数或状态,如光线、声音、温度、湿度、压力、空气质量、土壤成分以及目标的大小、重量、位置、速度和方向等。无线传感器比传统有线传感器有更多优点。它不仅可以降低网络部署的成本和时间,而且可以应用于任何环境,尤其是那些不能部署传统有线传感器网络的环境,如战场、贫困地区、外太空和深海。首先,无线传感器网络主要应用于军事领域,其应用范围从大型海洋监视系统到小型地面目标侦察系统。所以,低成本、低功耗、微型传感器的发展以及无线通信和嵌入式计算技术的发展为无线传感器网络开拓了广阔的应用前景。无线传感器网络作为一种新型的信息传感技术,可以应用于国防、军事、环境监测、工业控制、医疗、智能家居、公共安全等领域,对人类社会进步和发展具有长远的影响。

1.4.1 环境监测

环境监测是无线传感器网络最早应用中的一个。在环境监测中,无线传感器可以监测各种环境参数或条件以进行各种环境监测。

1)习惯性监测。传感器可在野生动物栖息地被部署以监测野生动植物,以及栖息地的环境参数,包括温度、湿度、大气压力和辐射条件。

2)空气和水质监测。传感器可以部署在地面或水下,以监测空气或水的质量。空气质量监测可用于空气污染控制,水质监测可用于化学领域。

3)有害物质的监测。传感器可以部署在化学工厂和战场区域,以监测可能的生物或化学危险。

4)灾难监测。可以在指定区域部署传感器来监测自然灾害或非自然灾害。例如,传感器可以安装在森林或河流用来监测森林火灾或水灾。地震传感器可以在建筑物上安装,用来监测地震的方向和强度,提高建筑物的安全指数。

1.4.2 国防军事

无线传感器可以快速部署在战场或敌对地区,而无需任何基础设施。由于传感器节点的部署方便,具有自组织能力,且可以在无人值守的情况下工作,因此无线传感器网络在国防、军事领域具有广泛的应用。

1)战场监视。传感器可以部署在战场地区,监视部队和车辆的存在,跟踪他们的活动,并密切监视敌军的动态。

2)目标保护。传感器可以部署在敏感和重要的目标附近,如核电站、战略桥梁、通信中心和军事总部,以保护目标。

3)智能导航。传感器可以安装在解放军车辆、坦克、战斗机、潜艇、导弹或地雷上,引导它们绕过障碍物和接近目标,或合作完成更有效的攻击或防御。

4)远程监控。传感器可以部署在指定的地理区域,用于远程监测核武器和生化武器,也可对可能的恐怖袭击进行远程监视。

1.4.3 工业监控

无线传感器网络可用于监测生产过程或机器设备的工作状态,提高生产效率,保证产品质量,降低设备维护成本,保障人员安全。

1)生产过程监控。传感器网络可以安装在生产线上或装配线上,监控生产过程,提高生产效率,保证产品质量。

2)管道状态监测。炼油厂或化工厂可利用传感器网络监测输油管道等情况,及时发现损坏现象,减少经济损失。

3)设备状态监测。微型传感器可以嵌入到机器不能被人触摸的区域,监视机器的运行,故障发生时报警。一般来说,机器设备通常需要定期维护(如每三个月进行一次检查),成本昂贵。据统计,美国设备制造商每年需要花费数十亿美元用于设备维修。而使用传感器网络,可以根据设备的工作状况来决定是否需要进行设备维护,从而大大降低了维修成本,延长了机器的使用寿命,提高了人员的安全性。

1.4.4 健康医疗

在医疗保健方面,无线传感器网络可以用来监测患者的身体状况,并跟踪他们的活动,以达到保健的目的。同时,这也将大大缓解当前医护人员的严重短缺,大大降低医疗成本。

1）活动监控。可以在患者家中部署传感器来监测患者活动。例如，当患者跌倒时，传感器可以立即向医生报告，来获得及时和必要的关注。传感器可以监视患者正在做什么，并通过电视或无线电提醒患者注意情况。

2）卫生保健。各种传感器可以佩戴在人体的不同部位以形成人体感应网络。对患者的生命体征、环境参数和地理位置进行长期、非侵入性的非临床监测，并在紧急情况下立即向医务人员报告。同时，人体传感器网络还可以实时向患者报告身体状况并更新患者的病历。

1.4.5 智能家居

在智能家居中，无线传感器网络可以为人们提供更方便、更舒适、更人性化的智能家居环境。

1）家电远程控制。传感器可以嵌入到各种家用电器中，形成一个独立的家庭无线网络，并连接到互联网，使家庭成员能够方便地监控家用电器。例如，在回家前，要控制家用电饭煲、微波炉、电视、计算机等电器按照自己的思路完成相应的烹饪、热菜、选电视节目和下载网络信息等任务。

2）家庭环境控制。传感器可以在家中的不同房间进行配置，每个房间的温度和湿度都在本地控制。

3）远程抄表。传感器可用于远程读取家庭用水、电和煤气表中的数据，并通过无线通信将读取的数据传送到远程数据中心。

1.4.6 公共安全

在公共安全领域，无线传感器网络可用于监测一些重要位置或易受攻击的区域，以有效保护公共秩序和公共安全。例如，音频、视频和其他传感器可以部署在诸如建筑物、机场、地铁等重要设施中。再如，核电站、通信中心等，以识别和追踪可疑人员，提供实时警报，防止可能的攻击，并确保这些场所的设施安全。与其他大多数无线传感器网络应用不同的是，许多公共安全应用都有必要的基础设施，如可靠的电源和通信设施。

1.5 无线传感器网络的发展与现状

无线传感器网络从提出到今天，经历了多年的发展。特别是近十年来，无线传感器网络技术及其应用得到了迅速的发展。本部分简要回顾和介绍无线传感器网络的发展和研究现状。

1.5.1　无线传感器网络的发展历程

无线传感器网络(WSN)的发展可以追溯到 20 世纪 70 年代的传统无线传感器系统,当时美国军方发明了"热带树"传感器。传感器是由振动传感器和声音传感器组成的系统。它由飞机发射并降落在地面上,只露出一个伪装成分支的无线电天线。当敌方舰队通过时,传感器监测到目标产生的振动和声音,并将监测到的数据发送到指挥中心。指挥中心接到资料后,立即命令空军轰炸并摧毁大量运载物资的车辆,取得了良好的效果。早期的无线传感器系统的特点是传感器节点只能获取监测数据,没有计算能力且相互之间不能通信。

无线传感器网络的概念起源于美国军方对军事侦察系统的需求。它的研究始于 20 世纪 70 年代末。1978 年,美国国防部高级研究计划局(DARPA)提出了"分布式传感器网络(DSN)计划",并在卡内基梅隆大学建立了一个研究小组。分布式传感器网络研究小组对分布式传感器网络中的通信和计算进行研究。从 20 世纪 80 年代到 90 年代末,DARPA 和美国军方在无线传感器网络上建立了许多研究项目,以研究各种无线传感器网络技术和系统,如 WINS(无线集成网络传感器)、Sensor IT、智能防尘、海网等计划。这些研究计划及其研究成果对无线传感器网络技术的早期发展起到了积极的作用。同时,无线传感器网络的应用前景也越来越受到军事、学术界和工业界的关注。1999 年,美国《商业周刊》将无线传感器网络技术列为 21 世纪 21 项最重要的技术之一,并认为该技术将对未来社会和人们的生活发展产生深远的影响。当美国《麻省理工学院技术评论》杂志讨论未来十种新兴技术时,它也将无线传感器网络技术排在首位。2000 年,美国国防部将无线传感器网络定位为五大防御领域之一,并将其视为优先研究计划。2005 年,美国《今日国防》杂志认为,无线传感器网络的应用和发展将导致军事技术的划时代革命和未来战争的转型。

自 21 世纪以来,无线传感器网络在世界范围内掀起了一股巨大的研究热潮。美国国防部、能源部、国家自然科学基金委员会(National Science Foundation,NSF)等部门和机构,制定和资助了大量无线传感器网络的研究项目,对许多大学、研究机构和公司的相关理论和关键技术进行了研究。与此同时,欧洲、澳大利亚和亚洲的一些工业化国家相继启动了许多关于无线传感器网络的研究计划,在高等学校和研究机构进行无线传感器网络的相关理论和技术研究。此外,许多国际计算机和通信公司,包括英特尔、国际商业机器公司(IBM)、摩托罗拉和西门子也积极参与无线传感器网络技术的研究和开发。随着微机电系统、嵌入式计算和无线通信技术的进步以及大量研究、开发工作的进行,无线传感器网络在基础理论、关键技术和实际应用等方面都取得了很大进展。目前,许多无线传感器网络系统已经投入实际应用。可以预见,随着研究工作的深入和关键技术的不断突破,在不久的将来,无线传感器网络会在多个不同的领域得到广泛的应用。

1.5.2 无线传感器网络的研究现状

无线传感器网络在军事和民用各个领域有着非常广阔的应用前景。它的出现引起了许多国家越来越多的兴趣和关注。由于无线传感器网络涉及MEMS、网络通信、嵌入式计算等多种技术,为了实现无线传感器网络的各种应用,存在许多需要研究和解决的关键技术问题。为此,许多国家非常重视无线传感器网络技术的基础理论和应用研究。

从国外目前的研究情况来看,美国是第一个启动无线传感器网络技术研究的国家。美国国防部和军方近年来投入了大量资金,在一些著名的大学、研究机构和企业公司,实施了一系列军事目标。研究的重点主要集中在各种军用侦察和监视技术与系统,如"智能微尘"(Smart Dust)、"无线综合网络传感器"(WINS)、"传感器信息技术"(Sensor IT)、网络嵌入式系统技术(Network Embedded System Technology,NEST)、"灵巧传感器网络""远程战场传感器系统"(Remote Battlefield Sensor System,REMBASS)和"沙地直线系统"(A Line in the Sand)等。美国国家自然科学基金会等机构也开展了大量的研究项目,以支持大学和研究机构进行无线传感器网络的基础理论和应用研究。同时,很多企业和公司也开发了无线传感器网络应用和开发项目。开展这些项目的大学和研究机构已经提出了许多有效的方法来解决无线传感器网络的技术问题。他们为多种无线传感器网络的现场测试应用开发了各种网络协议、硬件和软件系统的实际应用。例如,康奈尔大学、南加州大学等美国大学对无线传感器网络通信协议进行了高效的研究,并为链路层、网络层和传输层提出了各种通信协议;加州大学伯克利分校开发了传感器操作系统(TinyOS)和感知数据库系统(TinyDB);加州大学伯克利分校英特尔实验室和大西洋学院已在缅因州的"大鸭岛"部署了几十种不同类型的传感器,并将它们连接到互联网上,以监测岛上的气候和动物习性。另外,英国、德国、日本等国的一些大学和研究机构也开展了无线传感器网络领域的研究工作,取得了相应的研究成果。

从国内研究现状来看,中国在无线传感器网络领域的研究起步较早,几乎与一些发达国家同步。1999年,无线传感器网络技术首次出现在中国科学院"知识创新工程试点领域研究方向"信息与自动化领域的研究报告中。自2002年以来,国家自然科学基金会(NFSC)先后资助了一系列有关传感器网络的研究项目。同时,开展了"传感器网络分布式系统传感器控制理论""传感器网络系统基础软件与数据管理关键技术研究"等重点项目。2006年中国国家中长期科学和技术发展规划(2006—2020)确定的三个边界地区中,有两个与传感器网络直接相关,它们是智能感知技术和网络技术。国家重点基础研究发展计划("973")也于2006年资助了"无线传感器网络基础理论与关键技术研究"项目。2006年,国家高技术研究发展计划("863")开始在信息技术领域的交流主题下资助十多项以探索为导向的项目,研究传感器网络的系统级技术。2007年,开展了以"基于传感器的嵌入式芯片设计"为目标的项目,研究传感器节点系统的关键技术。此外,国家科技部"十一五"科技支撑计划还部署了相关应用示范项目,推动传感器网络在环境监测、工业控制、医疗保健和智能家居领域的应用。在这些研究项目的支持下,中国的许多大学和研究机构开始研究无线传感器网络。他们对无线传感器网络进行了基础理论和应用研究工作,部分企业和公司也加入了无线传感器网络应用的研究。开发范围包括传感器芯片、软件和硬件平台、通信协议、计算处理和现场测试等领域。

总的来说,随着近年来无线传感器网络的广泛深入发展,无线传感器网络在基础理论、关键技术和实际应用等方面取得了显著的研究成果,极大地推动了无线传感器网络的发展。基于这些研究成果,一些商用无线传感器网络设备和系统已经出现并开始投入实际使用。尽管由于传感器网络、节能、可靠性和其他技术的限制,无线传感器网络的大规模商业应用还需要一段时间,但是在不久的将来,随着无线传感器网络的进一步发展和多样化关键技术的不断完善,无线传感器网络将会在许多领域得到越来越广泛的应用。

第 2 章　无线传感器网络的协议标准

作为一个面向应用的信息感测和采集系统,无线传感器网络在各种民用和军用领域具有非常广阔的潜在市场。随着无线传感器网络应用的逐步普及,无线传感器网络技术的标准化的重要性也与日俱增。为了使不同制造商生产的各种传感器网络产品和系统与现有网络和系统兼容、可互操作、协作和共存,有必要对无线传感器网络的常用技术进行标准化以促进无线传感器网络应用的发展。本章介绍无线传感器网络协议的两个主要的国际标准:IEEE 802.15.4 标准和 ZigBee 标准,包括其协议架构和功能规格。

2.1　概　述

近年来,随着无线传感器网络技术研发的进一步发展,无线传感器网络在民用和军事领域的应用正在逐步推广。同时,无线传感器网络技术标准化的需求也越来越迫切和重要。一方面,不同制造商生产的各种传感器网络产品和系统需要兼容、可互操作、协同工作,并且必须与现有网络和系统集成并共存。无线传感器网络技术的标准化将有助于解决这个问题。另一方面,无线传感器网络技术的标准化将有助于降低产品成本,扩大市场规模,并促进无线传感器网络应用的发展。

因此,无线传感器网络的标准化工作受到了许多国家和标准化组织的高度重视。IEEE 标准化委员会联盟和部分企业已经开展相关通信协议标准的研究和制定工作,完成了一系列标准化草案和标准规范的制定工作。这些标准在一定程度上规范和统一了无线传感器网络。

目前,无线传感器网络所采用的国际通信协议标准主要是 IEEE 802.15.4 和 ZigBee,已经得到业界的广泛认可。这两个标准指定了协议的不同子层:IEEE 802.15.4 定义了物理层和媒体访问控制(MAC)层规范,ZigBee 定义了网络层和应用层规范。两者的结合可以支持低速率、低功率的短距离无线通信。

IEEE 802.15.4 标准的第一个版本于 2003 年发布,并可从网上免费下载。该版本于 2006 年进行了修订，但新的版本还不能免费获得。ZigBee 标准是由 ZigBee 联盟于 2004 年底提出的，该联盟是一个致力于共同开发可靠、低成本、低功耗无线网络产品和标准的企业协会。ZigBee 的第一个版本于 2006 年年底进行修订，引入了一些新的扩展，两个版本均可以从网上免费下载。

2.2　无线传感器网络技术

本节介绍 IEEE 802.15.4 协议标准的基本内容，包括协议架构、技术特点、物理层规范和 MAC 层规范。

2.2.1　IEEE 802.15.4 标准概述

IEEE 802.15.4 标准是由 IEEE 为无线个域网（PAN）开发的短距离无线通信协议标准。无线个域网络是无线个人区域网络的缩写，是一种短距离无线通信网络。其典型覆盖范围一般在 100 m 以内，用于提供个人或家庭内不同电子设备（如个人电脑、手机、数码产品等）之间的互连和通信。

2002 年，IEEE 开始研究和开发低速个人区域网络标准 IEEE 802.15.4。该标准规定了低速无线个域网的物理层和 MAC 层，为不同设备之间的通信提供统一的协议和接口。其设计目标是低速率、低成本和低功耗，这与无线传感器有关网络要求是一致的。由于 IEEE 802.15.4 中定义的低速无线个域网和无线传感器网络的特点有很多相似之处，因此该标准已被广泛用作无线传感器网络的物理层和 MAC 层标准。

1. IEEE 802.15.4 协议构架

IEEE 802.15.4 标准采用了符合国际标准化组织（International Standardization Organization，ISO）开放系统互连（Open System Interconnection，OSI）的分层结构，规定了低速率无线个域网的物理层和 MAC 层。

IEEE 802.15.4 标准的物理层规定了无线信道和 MAC 子层之间的接口，向 MAC 子层提供物理层数据服务和管理服务，并实现信道频率选择、信道检测与评估、数据发送与接收等功能。同时，物理层可以与其他 IEEE 无线网络标准兼容，如 IEEE 802.11 和 IEEE 802.15.1（蓝牙）等标准。

IEEE 802.15.4 标准的 MAC 层负责处理所有对物理层的访问，为上层提供数据服务和管理服务。数据服务能够实现 MAC 层数据包在物理层上的发送和接收。管理服务包括通信的同步、保证时隙的管理以及设备的连接与拆除等。此外,MAC 层还能够实现基本的安全机制。

IEEE 802.15.4 标准协议栈简单灵活,并且不需要任何基础设施,适合于短距离无线通信,具有低成本、低功耗、便于安装等特点。

2. IEEE 802.15.4 标准的技术特点

IEEE 802.15.4 标准的技术特点包括以下几个方面:

1)支持 780 MHz、868 MHz、915 MHz 和 2.4 GHz 这 4 种不同的频段。

2)支持 20 kbit/s、40 kbit/s 和 250 kbit/s 三种不同的传输速率。

3)支持星型和对等型两种网络拓扑。

4)支持 16 位和 64 位两种地址格式。

5)支持 CSMA/CA 协议。

2.2.2 物理层规范

本节介绍 IEEE 802.15.4 标准的物理层规范,包括物理层服务功能、物理层服务规范和物理层帧结构。

1. 物理层服务功能

IEEE 802.15.4 标准的物理层定义了无线信道和 MAC 子层之间的接口,向 MAC 子层提供物理层数据服务和管理服务。IEEE 802.15.4 标准规定了以下主要功能:

1)无线收发器的激活与释放。

2)当前信道的能量检测。

3)发送链路的质量指示。

4)CSMA/CA 的空闲信道评估。

5)信道频率的选择。

6)数据的发送与接收。

IEEE 802.15.4 标准可以工作在 4 个免许可证的工业、科学和医疗(ISM)频段:780 MHz 频段、868 MHz 频段、915 MHz 频段和 2.4 GHz 频段,其具体频率范围如下。

780 MHz 频段:779~787 MHz,数据传输速率为 250 kbit/s,中国的 ISM 频段。

868 MHz 频段:868~868.6 MHz,数据传输速率为 20 kbit/s,欧洲的 ISM 频段。

915 MHz 频段：902～928 MHz，数据传输速率为 40 kbit/s，北美的 ISM 频段。

2.4 GHz 频段：2400～2483.5 MHz，数据传输速率为 250 kbit/s，全球范围的 ISM 频段。

IEEE 802.15.4 标准使用了上述 4 个频段，并在这些频段上定义了 30 多个信道，分别为 780 MHz 频段的 8 个信道、868 MHz 频段的 1 个信道、915 MHz 频段的 10 个信道和 2.4 GHz 频段的 16 个信道。

2. 物理层服务规范

物理层提供无线物理信道与 MAC 子层之间的硬件接口以及两种主要服务：物理层数据服务和物理层管理服务。物理层数据服务由物理层数据服务接入点（Physical Layer Data Service Access Point，PD-SAP）提供，物理层管理服务由物理层管理实体（Physical Layer Management Entity，PLME）的服务接入点（PLME Service Access Point，PLME-SAP）提供。

1）数据服务。物理层数据服务在无线信道上收发数据，通过物理层数据服务接入点（PD-SAP）实现对等 MAC 子层实体间 MAC 协议数据单元（MAC Protocol Data Unit，MPDU）的传输。

2）管理服务。物理层管理服务维护一个物理层个域网数据库（PAN Information Base，PIB），通过物理层管理实体的服务接入点（PLME-SAP）在 MAC 层管理实体（MAC Layer Management Entity，MLME）和物理层管理实体（PLME）之间传输管理信令，实现射频收发器的管理以及信道选择、功率控制等功能。

3. 物理层帧结构

IEEE 802.15.4 标准的物理层帧格式由同步头、物理帧头和数据单元域 3 部分组成。同步头由 4 字节的前导码和 1 字节的帧起始分隔符（SFD）组成，其中前导码由 32 个 0 组成，用于收发器进行码片或者符号的同步；物理帧起始分隔符设置为固定值 0xA7，表示同步结束，物理帧开始。物理帧头由 7 位的帧长度域和 1 位的保留位组成，帧长度用于表示物理层服务数据单元（Physical Layer Service Data Unit，PSDU）的字节数，其中 0～4 和 6～7 位为保留值。数据单元域长度可变，用于携带物理层服务数据单元。

2.2.3　MAC 层规范

本节介绍 IEEE 802.15.4 标准的 MAC 层规范，包括 MAC 层服务功能、MAC 层服务规范和 MAC 层帧结构。

1. MAC 层服务功能

IEEE 802.15.4 标准的 MAC 层定义了物理层与网络层之间的接口，向网络层提供 MAC 层数据服务和管理服务。IEEE 802.15.4 标准规定了以下主要 MAC 层功能：

1）信标的产生。

2）信标的同步。

3）网络的关联。

4）设备的安全规范。

5）CSMA/CA 信道接入。

6）保证时隙的处理与维护。

7）MAC 实体间的可靠连接。

MAC 层定义了两种类型的节点：精简功能设备（RFD）和全功能设备（FFD）。简单功能设备是具有简单处理、存储和通信能力的终端设备，并且可以实现 MAC 层的一些功能。简单功能设备只能连接到现有网络，并依靠全功能设备进行通信。全功能设备可以实现所有 MAC 层功能。它可以用作一组简单功能设备的网络协调器或通用协调器。网络协调器的职能是建立和管理网络。它负责选择网络标识符并建立或删除与其他设备的连接。在设备连接阶段，网络协调器为新设备分配一个 16 位地址。该地址可以与分配给每个设备的标准 IEEE 64 位扩展地址互换使用。多个全功能设备可以协作完成网络拓扑的构建。实际上，网络拓扑结构是在网络层构建的，但 MAC 层可以支持两种类型的网络拓扑：星型和对等。

在星型拓扑结构中，一个全功能的设备可以作为网络协调器且位于网络的中心，所有其他的全功能设备和简单的功能设备是普通设备，只能与网络协调器沟通。协调器是负责在网络中的所有设备之间的同步。同一地区的不同星型网络具有不同的网络标识符，并彼此独立运作。

在一个对等网络拓扑中，每个全功能设备都可以与其通信范围内的任何设备通信。通常情况下，启动该网络中的全功能设备充当网络协调器，而其他全功能设备形成多跳网络、路由器或终端设备。简单的功能设备只能被用作终端装置，并且每个简单功能装置只能与一个全功能设备连接。

2. MAC 层服务规范

IEEE 802.15.4 标准的 MAC 层主要为其上层网络层提供两种服务：数据服务和管理服务，它们可以分别通过两个服务接入点（Service Access

Point,SAP)进行访问。数据服务通过 MAC 公共部分子层(MAC Common Part Sub-layer,MCPS)的服务接入点(MCPS-SAP)进行访问。管理服务通过 MAC 层管理实体(MAC Layer Management Entity,MLME)的服务接入点进行访问。MAC 层管理实体 MLME 提供了用于调用 MAC 层管理功能的管理服务接口,且负责维护 MAC 层的个域网信息库 PIB。这两种服务通过 PD-SAP 和 PLME-SAP 接口,组成了业务相关汇聚子层(Service-Specific Convergence Sub-layer,SSCS)和物理层之间的接口。此外,MLME 还可以通过与 MAC 公共部分子层 MCPS 之间的一个内部接口调用 MAC 层数据服务。

MAC 层数据服务和管理服务均可以用一组原语来描述,这些原语通常可以分为 4 种类型:请求(Request)、指示(Indication)、响应(Response)和确认(Confirm)。每种服务可以根据需要使用全部或部分原语。这 4 种原语的功能描述如下:

请求(Request):由上层产生,向 MAC 层请求特定的服务。

指示(Indication):由 MAC 层产生,通知上层与特定服务相关的事件发生。

响应(Response):由上层产生,通知 MAC 层结束先前请求的服务。

确认(Confirm):由 MAC 层产生,向上层通告先前服务请求的结果。

(1)数据服务

数据服务主要由一个只使用 Request、Confirm 和 Indication 原语的服务组成。在数据服务中,由上层产生 DATA. request 原语并传递到 MAC 层,请求向另一设备发送数据消息。MAC 层则使用 DATA. confirm 原语向上层通告数据传送的结果(如发送成功或者出错)。DATA. indication 原语则对应于一个"receive"原语,它由 MAC 层从物理层接收到一个数据消息时产生,并由 MAC 层向上层传递。

(2)管理服务

管理服务主要包括网络的初始化、设备的连接与拆除、已存网络的检测以及其他利用 MAC 层特征的功能。

这里,举例描述 ASSOCIATE 服务的协议和功能。该服务由期望加入一个通过预先调用 SCAN 服务识别到的网络设备调用。ASSOCIATE. request 原语将网络标识符、协调器地址以及该设备的 64 位扩展地址作为参数,向指定的协调器(网络协调器或者路由器)发送一个连接请求(Association Request)消息。由于连接过程针对使用信标的网络,此连接请求消息使用时隙 CSMA/CA 在竞争访问阶段发送。协调器收到连接请求消息后会立即应答。但是,这一应答并不意味着连接请求已经被接受。在协调器端,连接请求将通过 ASSOCIATE. indication 原语被传递到协调器协议栈的上层,再由上层决定是否接受连接请求。如果连接请求被接受,协调器将为该设备分配一个 16 位的短地址,供其以后替代自己的 64 位扩展地址使用。同时,协调器的上层将调用 MAC 层的 ASSOCIATE. response 原语。该原语将设备的 64 位地址、新分配的 16 位短地址以及连接请求的状态(成功或者出错)作为参数,产生一个连接响应(Association Response)消息,并以间接发送的方式将其传送给请求连接的设备,即将连接响应消息添加到协调器中待发送的消息列表中。请求连接的设备在接收到协调器对连接请求的应答后,将等待预先设定的一段时间,再自动向协调器发送一个数据请求消息。在此之后,协调器将向请求连接的设备发送连接响应消息。一旦接收到连接响应消息,请求连接的设备将向协调器发送应答消息,其 MAC 层将向其上层发送一个 ASSOCIATE. confirm 原语,而协调器的 MAC 层则向其上层发送一个 COMM-STATUS. Indication 原语,通报连接是否成功。

3. MAC 层帧结构

IEEE 802.15.4 标准的 MAC 层定义了 4 种基本的帧结构:信标帧、数据帧、确认帧和命令帧。每一种帧都包含以下 3 个基本组成部分:

1)帧头(MAC Head,MHR),包含帧控制、序列号、地址等信息。

2)MAC 负载,长度可变,具体内容取决于帧类型,确认帧不包含负载。

3)帧尾(MAC Footer,MFR),包含帧校验序列(Frame Check Sequence,FCS)。

在这 3 个组成部分中,帧控制信息用于对帧中其他部分的说明;序列号表示所传送的数据帧和确认帧的序号,只有当确认帧的序列号与上次传送的数据帧的序列号一致时,才能判断该数据帧传送成功;校验码序列是 16 位循环冗余校验(Cyclic Redundancy Check,CRC)码。

(1)通用 MAC 帧结构

一个 MAC 帧由帧头、MAC 负载和帧尾构成。帧头中的各个域都以固定的顺序出现,但地址域不一定在所有帧中都出现。

通用 MAC 帧结构中各个域的定义如下:

帧控制域:占用 2 字节,16 位,包含帧类型、寻址域以及其他控制标志。

序列号域:占用 1 字节,8 位,包含帧的序列标识。

源网络标识域:占用 2 字节,16 位,包含发送设备的网络标识。

目标网络标识域:占用 2 字节,16 位,包含指定接收设备的网络标识。

源地址域:占用 2 或 8 字节,16 位或 64 位,包含发送设备的地址。

目标地址域:占用 2 或 8 字节,16 位或 64 位,包含指定接收设备的地址。

帧负载域:长度可变,根据不同的帧类型,其内容各不相同。

帧校验序列(FCS)域:占用 2 字节,16 位,包含一个 16 位的 CRC 码。

(2)信标帧结构

信标帧的负载域由 4 部分组成:超帧控制域、GTS 域、地址域和信标负载域。

信标帧负载域中各个域的定义如下:

超帧控制域:占用 2 字节,16 位,包含超帧的持续时间、活动阶段持续时间和竞争访问持续时间等信息。

GTS 域:长度可变,包含分配给目标设备的保证时隙(Guaranteed Time Slot,GTS)。

地址域:长度可变,包含待转发数据的目标设备地址。

信标负载域:长度可变,包含信标负载数据。

(3)数据帧结构

数据帧用于传输上层所需传送的数据。数据帧的负载域包含上层传递到 MAC 层的数据,称作 MAC 层服务数据单元。在该数据单元前后附加帧头和帧尾后,就形成 MAC 层数据帧。

(4)确认帧结构

确认帧用于确认数据帧的接收。当一个设备接收到目标地址为自身地址的数据帧且帧的确认请求控制位为 1 时,该设备需要回送一个确认帧。确认帧的序列号应该与被确认帧的序列号相同,且负载长度为 0。确认帧在接收到被确认帧后立即发送,不需要使用 CSMA/CA 机制竞争信道。

(5)命令帧结构

命令帧用于网络的构建和同步数据的传输,主要完成设备与网络的连接、设备与协调器的数据交换以及同步时隙的分配等功能。

(6)超帧结构

IEEE 802.15.4 MAC 层协议允许使用超帧结构以及无超帧结构。超帧结构用于星型拓扑,并提供节点之间的同步以节省设备的能量。无超帧结构可以支持任何对等拓扑结构。超帧由"活动"阶段和"非活动"阶段组成,所有通信都在"活动"阶段进行。因此,网络协调器及其连接的设备可以在"非活动"阶段进入低功耗(睡眠)模式。"活动"阶段由 16 个等长时隙组成。网络协调器在第一时隙发送信标帧以指示超帧的开始。信标帧用于设备同步、网络标识和超帧结构的描述。终端设备和协调器之间的通信发生在后面的时隙中。"活动"阶段中的时隙可以进一步分为竞争访问时段(CAP)和无竞争时段(CFP)。

在 CAP 阶段,每个设备使用标准时隙 CSMA/CA 协议来争用信道接入。这意味着设备在发送数据帧之前必须等待信标帧,然后才能随机选择一个时隙来传输数据。如果所选时隙忙且正在进行其他通信,则设备将随机选择另一个时隙。如果选定的时隙空闲,则设备将在此时隙内开始传输数据。

CFP 阶段是可选的,主要用于低延迟应用或需要特定数据速率的应用。为此,网络协调器可以将"活动"阶段的部分时隙分配给特定设备。这些时隙被称为保证时隙并构成 CFP 阶段。每个 GTS 可以由多个时隙组成,并分配给特定设备,以便它可以在没有竞争的情况下访问这些时隙。

在任何情况下,网络协调器都会为 CAP 阶段的其他设备预留足够的时间段来管理设备和协调器的连接和移除。还应该注意的是,所有基于争用的传输必须在 CFP 阶段开始之前结束,并且在 GTS 内发送数据的每个设备也必须在其 GTS 内完成自己的数据传输。

网络协调器可以选择避免使用超帧结构。在这种情况下,网络协调器不发送信标,所有的通信都基于没有时隙的 CSMA-CA 协议,并且网络协调器必须始终处于打开状态并准备好接收来自终端设备的上行链路数据。下行数据传输基于查询模式。终端设备周期性唤醒,向协调器查询是否有数据报文要传输。如果有数据消息要传输,网络协调器通过发送待处理数据消息来响应查询请求,否则它会发送一条控制消息,声明没有要传输的数据。

2.3 ZigBee 标准

本节介绍 ZigBee 协议标准的基本内容,包括协议架构、技术特点、网络层规范和应用层规范。

2.3.1 ZigBee 标准概述

ZigBee 标准是由 ZigBee 联盟制定的低速率、低成本、低功率的短距离无线通信协议或技术标准。该技术标准基于 IEEE 802.15.4 标准,并直接采用其物理层和 MAC 层规范。在此基础上,它指定了网络层和应用层规范。网络层可以支持星型、树型和点对点多跳网络拓扑结构,主要负责网络拓扑的建立、维护以及设备发现和路由功能。它是一个常见的网络层功能类别。应用程序层为分布式应用程序开发和通信提供了一个框架。它负责服务数据流、设备发现、服务发现、安全性和身份验证的融合。ZigBee 技术具有低速、低成本、低功耗等特点，被广泛认为是无线传感器网络的网络层和应用层技术标准。

1. ZigBee 协议栈

ZigBee 标准还采用了国际标准化组织开放系统互连的分层模型。该协议由自顶向下的应用层、应用汇聚层、网络层、数据链路层和物理层组成。

应用程序层定义了各种类型的应用程序服务。应用汇聚层负责将不同的应用映射到网络层，包括业务发现、设备发现、多业务数据流汇聚、安全认证等功能。应用程序层由应用程序支持子层（APS）、应用程序框架（AF）和 ZigBee 设备对象（ZDO）组成。应用程序框架最多包含 240 个应用程序对象（APO）。每个应用程序对象都对应一个实现 ZigBee 应用程序的用户定义组件。设备对象提供服务，允许多个应用程序对象组织成分布式应用程序，而应用程序支持子层则为应用程序对象和设备对象提供数据和管理服务。

网络层的功能包括拓扑管理、路由管理、MAC 管理和安全管理。数据链路层可以分为逻辑链路控制（LLC）子层和媒体访问控制（MAC）子层。LLC 子层的功能包括数据分组的分段和重组、数据分组的顺序传输以及传输可靠性的保证。MAC 子层支持各种 LLC 标准。功能包括设备之间的链路的建立、维护和删除，确认模式下的帧传输和接收、信道接入控制、预留时隙管理、广播信息管理和帧校验。

物理层采用直接序列扩频（Direct Sequence Spread Spectrum，DSSS）技术，规定了 4 个工作频段：中国的 780 MHz 频段、欧洲的 868 MHz 频段、美国的 915 MHz 频段和全球通用的 2.4 GHz 频段。在 780 MHz 频段，使用了 8 个信道，带宽为 1 MHz，能够提供 250 kbit/s 的传输速率；在 868 MHz 频段，使用单信道，带宽为 0.6 MHz，能够提供 20 kbit/s 的传输速率；在 915 MHz 频段，使用 10 个信道，带宽为 2 MHz，能够提供 40 kbit/s 的传输速率；在 2.4 GHz 频段，使用 16 个信道，带宽为 5 MHz，能够提供 250 kbit/s 的传输速率。不同频段的扩频和调制方式也有所不同。在扩频方式上，4 个工作频段都使用直接序列扩频技术，但从位到码片的交换方式有比较大的差别。在调制方式上，4 个工作频段使用调相技术。其中，780 MHz 频段采用的是 MPSK 和 O-QPSK，868 MHz 和 915 MHz 频段采用的是 BPSK（Binary Phase Shift Keying），2.4 GHz 频段采用的是 O-QPSK。

2. ZigBee 标准的技术特点

ZigBee 标准的技术特点包括以下几个方面:

1)传输速率低。数据传输速率仅为 $10\sim250$ kbit/s,专门用于低速传输应用。

2)覆盖面小。有效覆盖范围在 $10\sim75$ m,实际范围取决于发射功率的大小和不同的应用。

3)网络容量大。星型 ZigBee 网络最多可容纳 1 个主设备和多达 254 个从设备,同时一个区域内最多可以有 100 个 ZigBee 网络,网络构成灵活。

4)低功耗。由于 ZigBee 的传输速率较低,发射功率仅为 1 mW,采用了睡眠模式。ZigBee 设备的功耗非常低。根据应用的不同,使用两节 AA 电池,ZigBee 设备可以保持长达六个月到两年的服务时间。这是其他无线设备无法比拟的。

5)成本低。由于传输速率低和协议简单,ZigBee 模块的成本低,ZigBee 协议可以免费使用。

6)短暂延迟。工作延迟和激活延迟都很短。设备搜索延迟的典型值为 30 ms,睡眠激活延迟的典型值为 15 ms,设备通道访问延迟为 15 ms。因此,ZigBee 技术适用于具有时延要求的无线控制应用,如工业控制应用。

7)可靠。采用冲突避免机制,为需要固定带宽的通信业务预留专用时隙,避免了数据传输时的竞争和冲突。此外,MAC 层采用完全确认的数据传输机制,并且每个传输的数据包必须等待接收者的确认消息,并且如果传输过程中存在问题,则可以执行重传。因此,可靠的数据传输可以得到保证。

8)安全。ZigBee 提供基于循环冗余校验(CRC)的数据包完整性检查,CRC 支持认证和认证。使用 AES-128 加密算法,各种应用程序可以灵活配置其安全属性。因此,数据传输的安全性可以得到保证。

2.3.2 网络层规范

本节介绍 ZigBee 标准的网络层规范,包括网络层服务功能、网络层服务规范和网络层帧结构。

1. 网络服务功能

ZigBee 标准的网络层从功能上为 IEEE 802.15.4 的 MAC 层提供支持,并为应用层提供网络层数据服务和管理服务。ZigBee 标准规定了以下主要网络层功能：

1）数据单元产生。

2）新设备配置。

3）网络拓扑构建。

4）加入或离开网络。

5）设备寻址。

6）相邻发现。

7）路由发现。

8）接收控制。

ZigBee 网络层定义了三种类型的设备：第一种是终端，对应于简单的 RFD 或全功能设备（FFD）；第二种是路由器，具有路由功能的全功能设备；最后一种是网络协调器，管理整个网络的全功能设备。ZigBee 网络层支持星型、树型和网状拓扑结构。如果采用星型拓扑结构，网络需要协调器来发起和协调网络的正常运行，实现网络中终端设备之间的通信。如果使用树型或网状拓扑结构，网络协调器负责网络的启动和关键网络参数的选择。在树型网络中，路由器使用分层路由策略来传输数据和控制信息。在网状网络中，设备完全使用对等通信，路由器不发送信标。

2. 网络层服务规范

为了给应用层提供一个合适的服务接口，网络层在逻辑上被划分为具有不同功能的两个服务实体，即数据实体和管理实体。网络层数据实体（NLDE）通过网络层数据实体服务接入点（NLDE-SAP）提供数据传输服务。网络层管理实体（NLME）通过网络层管理实体服务接入点（NLME-SAP）提供网络管理服务。这两种服务与 MAC 公共部分子层服务接入点（MGPS-SAP）和 MAC 层管理实体服务接入点（MLME-SAP）一起形成应用层和 MAC 子层之间的接口。另外，网络层管理实体需要使用网络层数据实体完成一些管理任务，并维护"网络信息中心"的数据库对象。网络层数据实体和网络层管理实体之间还有一个接口，网络层管理实体可以通过它访问网络层数据服务。

网络层的主要功能包括网络的初始化、设备寻址、路由管理、设备连接管理等。与 IEEE 802.15.4 MAC 层不同的是，网络层只定义了 Request、Indication 和 Confirm 原语。下面描述几种主要的网络层服务：网络建立、加入网络、路由选择和路由发现。

（1）网络的建立

新网络的建立过程由 NETWORK-FORMATION. request 原语启动。

该原语只能被作为网络协调器且还没有加入到其他网络的全功能设备调用。它将先使用 MAC 层服务来寻找一个与已存网络无冲突的信道。如果发现这样的信道,该原语将选择一个还没有被其他网络使用的网络标识符,并为该设备分配一个 16 位的网络地址 0x0000。然后,该原语将调用 MAC 层的 SET. request 原语来设置所选择的网络标识符和所分配的设备地址,并调用 MAC 层的 START. request 原语启动新网络。MAC 层则开始产生信标,以响应该原语。

(2)加入网络

设备加入一个现有的网络可以通过两种方式实现:一种方式是由期望加入的设备请求,通过连接加入,称为连接加入方式;另一种是由路由器或网络协调器强制设备直接加入,称为直接加入方式。

采用连接加入方式,当设备 D 的应用层期望加入现有的网络时,它首先调用 NETWORK-DISCOVERY 服务来查找已存在的网络,这个过程需要利用 MAC 层的 SCAN 服务来查找通告已存网络的相邻路由器。一旦该过程结束,应用层将收到关于已存网络的通知。由于使用不同的信道,多个 ZigBee 网络在空间上可能重叠。因此,应用层将从中选择一个网络,并调用 JOIN. request 服务原语,其中包含两个参数:选定网络的网络标识符以及一个指示该设备是作为路由器加入还是作为终端加入的标记。

网络层的 JOIN. request 原语将从设备 D 的相邻中选择一个位于选定网络中的父节点 P,该父节点必须是允许设备,加入的网络中的一个设备。例如,在星型拓扑结构中,该父节点为网络协调器,其他设备作为终端加入。然后,该设备的网络层将执行与节点 P 的 MAC 层连接过程。一旦从 MAC 层收到连接请求的指示,节点 P 的网络层将会为设备 D 分配一个 16 位的短地址,并让其 MAC 层向设备 D 返回一个成功连接的确认消息。设备 D 将使用所分配的短地址进行通信。

虽然地址通常是基于树型拓扑进行分配的,网络层也可以由应用层构建来实现网状型或树型拓扑。如果采用网状型拓扑,所有网络协调器、路由器以及终端都不可以使用超帧结构进行通信。如果采用树型拓扑,则可以使用超帧结构进行通信。在后一种情况下,所有新加入的路由器调用 START-ROUTER. request 原语开始发送其信标帧。为了避免活动期的冲突,路由器应该保持相对较长的非活动期,并让其相邻路由器在其他路由器的非活动期开始发送它们的超帧。子节点到父节点之间的通信在父节点的竞争访问阶段进行,而父节点到子节点之间的通信则是间接进行的。无论何种情况,子节点必须与父节点的信标保持同步才能传输数据,而父节点则利用超帧与子节点进行通信。

（3）路由选择

当设备的网络层收到数据报文时，会根据设备的能力发送或转发数据报文。如果设备是终端，则数据消息将被发送到具有路由功能的其父节点。如果设备是路由器或网络协调器，则数据消息将根据其路由表（RT）进行路由和转发。

如果目的地址是子节点，则网络将使用 MAC 层 DATA 服务直接转发数据消息。否则，实际的路由协议取决于网络拓扑（树型或网格型）。如果拓扑是网格型，则网络层将在路由表中寻找与目标节点相对应的路由条目。如果路由条目处于非活动状态或不存在，网络层会启动路由发现过程并缓存数据消息，直到路由发现过程结束。如果路由条目处于活动状态，则它包含到目的地节点的下一跳的地址，并且数据消息通过下一跳节点被转发到目的地节点。

如果拓扑是树型，网络将沿着树路由数据。在树型拓扑中，每个路由器都保存其子节点和父节点的地址。如果给定地址分配方法，则需要转发数据报文的路由器可以很容易地判断目的节点是其终端子节点还是以其父节点之一为其根节点的子树。如果目的节点是终端子节点，则路由器直接将数据消息发送到相应的子节点；否则，路由器会将数据消息发送到其父节点。

需要注意的是，树型拓扑和网状型拓扑是可以同时存在的，即路由器可以同时保存网状型路由和树型路由的信息。在这种情况下，转发数据消息的路由器可以从一种路由算法转换到另一种算法。例如，如果在网状路由中无法找到到达目的节点的路由，那么可以通过树型结构转发数据消息。相对而言，网状路由更为复杂，且不允许使用信标，而树型路由允许路由器在使用信标的网络中工作。

（4）路由发现

当源设备 S 需要向目的设备 D 发送消息而其路由表中却不存在相应的路由信息时，源设备 S 的网络层将启动路由发现过程。为了完成路由发现，各路由器和网络协调器都维护有一个路由发现表（Route Discovery Table，ROT）。

为了启动路由发现，源设备 S 首先广播一个路由请求（RREQ）消息，该消息包含了 RREQID、目的地址以及初始值为 0 的路径开销。RREQID 是一个整型量，设备 S 每发送一个新的 RREQ 消息，RREQID 加 1。因此，RREQID 与源设备的地址一起可以用来区分不同的路由发现过程。

当 RREQ 消息在网络中传播时，接收到该消息的中间设备 I 将执行如下操作：

1)通过添加最后所经链路的代价,更新 Forward Cost 路径的代价域。链路的代价可以是一个常量,也可以是一个由 IEEE 802.15.4 接口提供的链路质量估计的函数。

2)在自己的 RDT 中查找对应于 RREQ 的表项,即检查设备本身的地址或其子设备的地址是否为 RREQ 消息的目的地址。如果找不到对应的表项,则为该路由发现过程创建一个新的 RDT 表项,并且启动一个路由请求计时器。一旦计时器终止,该 RDT 表项将被删除。反之,如果在 RDT 中找到了对应的表项,则将 RREQ 消息中的路由代价与该 RDT 表项中对应的代价值进行比较。如果前者更高,则丢弃该 RREQ 消息。否则,更新该 RDT 表项。

3)如果设备 I 不是路由发现的目的节点,它将为该目的节点分配一个状态为 DISCOVERY_UNDERWAY 的 RT 表项,更新它的路径代价域,然后重新广播该 RREQ 消息。

4)如果设备 I 是目的节点,它将通过发送一个沿反向路径传输的路由应答(RREP)消息来应答启动路由发现过程的设备。该 RREP 消息携带一个剩余路径代价(Residual Cost)域,每个节点在转发 RREP 消息时,对该剩余路径代价域的值进行递增更新。

当节点接收到一个 RREP 消息时,它将执行如下操作:

1)如果该节点是 RREQ 的源节点(设备的并且这是它收到的第一个 RREP 消息),则它将对应的 RT 表项设置为 ACTIVE 状态,并且在 RDT 表项中记录下剩余路径代价和下一跳的地址。

2)如果该节点不是 RREQ 的源节点,且该 RREP 的剩余路径代价高于其对应 RDT 表项中的值,则丢弃该消息;否则,更新 RDT 表项中的剩余路径代价域和 RT 表项中的下一跳地址,然后向 RREQ 源节点转发 RREP 消息。这里需要注意的是,中间节点接收到 RREP 消息后不能将 RT 表项的状态值改为 ACTIVE,它们只能在接收到发往目的节点(设备 D)的数据包时才会改变该表项的状态。

3. 网络层帧结构

ZigBee 网络层的帧结构由网络层帧头和网络层负载两个基本部分组成。帧头部分包括帧控制、地址和序列号等信息,其中各个域的顺序是固定的,但根据不同的应用,不一定要包含所有的域;负载部分包含指定帧类型的负载信息。

网络层帧结构中各个域的定义如下:

帧控制域:占用 2 字节,16 位长,包含帧类型、寻址域、序列域以及其他控制标志。

源地址域:占用 2 字节,16 位长,包含 16 位的源设备网络地址。

目的地址域:占用 2 字节,16 位长,包含 16 位的目标设备网络地址或广播地址(0xFFFF)。

广播半径域:占用 1 字节,8 位长,在帧的目的地址为广播地址(0xFFFF)时才存在,用于设定传输半径。

序列号域:占用 1 字节,8 位长,用于表示发送帧的顺序,每次发送帧时加 1。

帧负载域:长度可变,包含指定帧类型的负载信息。

2.3.3　应用层规范

ZigBee 标准的应用层定义了应用支持子层(AF)和 ZigBee 设备对象(ZigBee Device Object,ZDO)。在应用框架下,用户可以自定义应用对象(Application Object,APO)。APS 提供绑定服务和数据服务,ZDO 提供界定网络设备、发现网络设备、产生或回应绑定请求、在网络设备间建立安全通信等服务,APO 则利用 APS 和 ZDO 提供的各种服务。

1. 应用支持子层

应用支持子层(APS)是网络层与应用层之间的接口,为 ZDO 和 APO 提供数据服务和绑定服务。这些服务由两个实体提供:APS 数据实体(APS Data Entity,APSDE)和 APS 管理实体(APS Management Entity,APSME)。APSDE 通过 APSDE 服务接入点(APSDE-SAP)提供数据服务;APSME 通过 APSME 服务接入点(APSME-SAP)提供绑定服务,并维护一个管理对象的数据库,即 APS 信息库(APS Information Base,AIB)。

数据服务实现网络中两个或多个设备间的数据传输,既可采用直接寻址,也可采用间接寻址方式。数据服务根据 Request、Confirm 和 Indication 原语来定义,其中 Request 原语实现发送过程,Indication 原语实现接收过程,而 Confirm 原语向发送者返回传输的状态(成功或出错)。

绑定服务由 BIND 服务和 UNBIND 服务组成,两者均根据 Request 和 Confirm 原语来定义,且只能被网络协调器或路由器的 ZDO 调用。BIND. request 原语将数组〈源地址,源端口,簇标识符,目的地址,目的端口〉作为输入参数,并在调用该设备的绑定表中建立一个表项,对应该输入数组。UNBIND. request 原语用于在绑定表中删除对应输入参数的表项。BIND. confirm 和 UNBIND. confirm 原语则返回对应 Request 原语的结果

（成功或出错）。

2. 应用框架

应用框架(AF)可以包含多达 240 个应用对象(APO)，每个应用对象通过一个应用端口作为与外部的接口，这些端口编号为 1～240，其中端点 0 保留给 ZDO。每个 APO 都可以通过自己的端口地址以及其设备的网络地址被唯一地识别。APO 规定了 ZigBee 应用的行为，可以具有复杂的状态，并利用 APS 提供的数据服务进行通信。

为了规范服务和应用，ZigBee 标准引入了"簇"和"协定(Profile)"的概念。一个簇是对一个 APO 所管理的信息的标准格式规范，拥有一个 8 位的标识符。一个应用协定是对一个可运行在多个 ZigBee 设备上的应用程序行为的标准格式规范，它可以描述一组设备和簇，并由 ZigBee 联盟分配唯一的标识符。

设备与服务的绑定和发现是提供给应用对象的主要服务，这些服务的详细过程如下：

（1）设备发现

设备发现服务允许设备获取网络中其他设备的网络或 MAC 地址。路由器（或网络协调器）通过返回它的地址以及所有与其相连接的终端设备的地址来响应一个设备发现查询。

（2）服务发现

服务发现利用簇的属性、描述符和簇的标识符来发现给定 APO 提供的服务。服务发现可以通过向给定设备的所有端口发送服务查询来实现，也可以通过使用匹配服务功能来实现。设备 A 可以利用设备和服务发现获得设备 B 的地址及其应用层提供的服务。一旦设备 A 发现了设备 B 提供的地址和服务，它可以根据设备应用对象(APO)的簇描述向设备 B 发送请求消息。

（3）绑定

一个消息通常是根据目的地址对＜目的端点，目的网络地址＞由源设备的 APO 传送到目的设备的 APO。然而，对于一些非常简单的设备，它们可能没有存储目的设备的地址信息，因此这种直接寻址的方式可能不适用于这种设备。因此，ZigBee 同时也提供一种间接寻址方式，它利用绑定表将源地址（包括网络地址和端口地址）和消息的簇标识符转换成地址对＜目的端点，目的网络地址＞。这个绑定表存储在 ZigBee 的网络协调器或路由器中，并在收到路由器或网络协调器的 ZDO 的明确请求时予以更新。

3. ZigBee 设备对象

ZigBee 设备对象(ZDO)是一种利用网络和 APS 原语实现 ZigBee 终端设备、ZigBee 路由器和 ZigBee 协调器的特殊应用。ZDO 通过端口与 APS 相连,并且由一个特殊的协定——ZigBee 设备协定(ZigBee Device Profile)来规范。该协定描述了所有 ZigBee 设备必须支持的簇,并且规定了 ZDO 实现发现和绑定服务的方式以及实现网络管理和安全管理的方式。

(1)设备和服务发现

根据设备的能力,ZDO 负责实现设备和服务的发现。终端设备及其服务的发现是由网络协调器的 ZDO 负责的。这是因为终端设备在大部分时间都处于睡眠状态,可能无法及时响应发现请求。但当终端设备处于活动状态时,它的 ZDO 应该响应发现请求。网络协调器和路由器的 ZDO 应该能够代表与它们相连处于睡眠状态的终端设备响应发现请求。在任何情况下,所有设备的 ZDO 都应该向本地的 APO 提供发现服务。

设备和服务发现可以根据不同的输入参数进行。通常情况下,设备发现过程将设备的 64 位扩展地址作为输入,返回设备的网络地址或与其相连接设备的网络地址列表。服务发现过程比较复杂,它通常会将一个网络地址作为输入,其他可选项包括端口号、簇标识符、协定标识符或者设备描述符,被查询的设备则返回一组与查询相匹配的端口。

(2)绑定管理

ZDO 负责处理从本地或远程端口接收到的绑定请求,根据请求在 APS 绑定表中添加或删除相应的表项。协调器的 ZDO 支持使用按键或其他手动方式发送的终端设备的绑定请求。

(3)网络管理

ZDO 根据在运行阶段或在安装阶段所建立的结构环境实现网络协调器、路由器或终端设备。如果设备是一个路由器或终端,ZDO 将负责选择一个已存在的 PAN 并加入。如果设备是一个网络协调器,ZDO 则将向其提供建立新网络的能力。然而,如果假设第一个被激活的全功能设备(FFD)自动成为网络协调器,也可以在不预先指定网络协调器的情况下建立一个网络。

(4)节点管理

ZDO 负责为网络发现(Network Discovery)请求提供服务,检索设备的路由表和绑定表,并管理设备与网络的连接与拆除。

(5)安全管理

ZDO 负责决定是否提供安全机制。如果提供安全机制,ZDO 负责管理用于消息加密的密钥。

第 3 章　无线传感器网络的 MAC 协议

　　媒体访问控制(Media Access Control,MAC)是无线传感器网络设计中的关键问题之一。由于无线传感器网络使用无线信道作为通信媒体,其频谱资源十分有限。因此,无线传感器网络必须采用有效的 MAC 协议来协调多个节点对共享信道的访问,避免各节点的传输发生冲突,同时公平、高效地利用有限的信道频谱资源,提高网络的传输性能。本章介绍无线传感器网络 MAC 协议的特点、设计目标和技术挑战,并介绍一些典型的无线传感器网络 MAC 协议。

3.1　概　　述

　　无线传感器网络与传统无线网络相比具有许多不同的特征,如传感器节点能量有限、以数据为中心、应用相关性等。由于传统无线网络中使用的 MAC 协议没有考虑无线传感器网络的特征,尤其是传感器节点在能量、处理和存储等方面的限制,因此无法直接应用于无线传感器网络,必须设计适合无线传感网络要求的 MAC 协议。与传统无线网络的 MAC 协议设计相比,无线传感器网络 MAC 协议的设计必须首先考虑网络的能量效率,其次再考虑网络的吞吐量、传输迟延、带宽利用率、可扩展性等方面的性能。

3.1.1　无线传感器网络 MAC 协议的特点

　　在无线传感器网络中,传感器节点通过无线信道传输数据。作为通信媒介,无线信道的频谱资源非常有限。由于无线信道的广播特性,当多个传感器节点同时接入信道时,可能会发生数据冲突,使接收机很难正确接收发送给自己的数据,造成频谱资源和网络吞吐量的浪费。为了解决这个问题,无线传感器网络必须使用有效的 MAC 协议来协调多个节点对共享信道的接入,避免不同节点发送的数据之间的冲突,同时有效利用有限的信道频谱资源。在无线传感器网络中,MAC 协议确定本地区域使用无线信道。它用于在传感器节点之间分配有限的信道频谱资源,并建立数据传输的基本通信链路。因此,MAC 协议将对网络性能产生较大影响,是确保无线传感器网络高效通信的关键网络协议之一。

在无线传感器网络中,传感器节点在能量、存储、处理和通信能力等方面有较大的限制,且单个节点的功能较弱,在许多情况下需要多个节点协作来完成指定的任务。因此,无线传感器网络 MAC 协议的主要特点包括以下几个方面:

1)能量效率。无线传感器网络的节点一般由电池提供能量,但在大多数情况下,电池能量的补充非常困难,甚至不可能。因此,为保证传感器网络能长时间有效地工作,MAC 协议在满足应用要求的前提下,应该尽量节省节点的能量消耗。

2)可扩展性。由于无线传感器网络的规模通常较大,同时节点可能由于各种原因退出网络,节点的位置会移动、新的节点也会随时加入网络,所以这些将使得网络中节点的数目、分布密度等不断发生变化,从而造成网络拓扑结构的动态变化。因此,MAC 协议应具有良好的可扩展性,以适应拓扑结构的动态变化。

3)公平性。在无线传感器网络中实现公平性,其目的不仅是为每个节点提供公平的信道访问机会,同时也为了均衡所有节点的能量消耗,以延长整个网络的生存时间。

4)传输效率。除了上述特性之外,无线传感器网络的 MAC 协议还需要考虑传输效率问题,包括提高实时传输、信道利用率和网络吞吐量。在传统的无线网络中,节点通常可以获得连续或间歇的能量供应。整个网络的拓扑结构比较稳定,变化的范围和变化的频率都比较小。因此,传统网络的MAC 协议侧重于节点使用信道的公平性,带宽的利用率以及传输的实时性。在无线传感器网络中,由于传感器节点通常不便于重新供电,节能成为传感器网络 MAC 协议设计的首要考虑因素。

可以看出,无线传感器网络的 MAC 协议不同于传统的无线网络 MAC协议。因此,传统无线网络的 MAC 协议不能直接应用于无线传感器网络,需要设计适合无线传感器网络的 MAC 协议。一般认为,无线传感器网络的能效和可扩展性是其最重要的性能指标,公平性和传输效率是次要考虑因素。另外,MAC 协议的也应该根据不同应用的特点和需求设计相关的参数和优化方法。

3.1.2　无线传感器网络 MAC 协议的分类

MAC 协议的主要作用是协调多个节点到共享媒体或信道的访问,使得由不同的节点发送的数据之间的碰撞被尽可能避免,并在同一时间,在公平和高效率的方式下,利用有限的信道带宽资源。根据所采用不同的基本控制机制,无线传感器网络的 MAC 协议可分为两种类型:竞争型 MAC 协议和非竞争型 MAC 协议。这两种类型的基础上,也有一些混合 MAC 协议。

1. 竞争型 MAC 协议

基于竞争的随机访问 MAC 协议采用按需使用信道的方式,其基本思想是当节点需要发送数据时,通过竞争方式使用信道。如果发生冲突,节点按照事先设定的某种策略重传数据,直到数据发送成功或放弃。

在传统的无线网络中,ALOHA(Additive Link On-Line Hawaii System)和载波侦听多路访问(Carrier Sense Multiple Access,CSMA)是最典型的竞争型 MAC 协议。ALOHA 协议有多种类型,包括纯 ALOHA(Pure ALOHA)协议和时隙 ALOHA(Slotted ALOHA)协议等。在纯 ALOHA 协议中,当节点有数据需要发送时,直接向信道发送数据分组。在发生数据冲突的情况下,各节点将对发生冲突的数据分组进行重发。但在重传策略上,各节点并不是马上进行重发,因为这样必然会继续造成冲突,而是等待一段随机的时间,然后再进行重发。如果再发生冲突,则再等待一段随机的时间进行重发,直到发送成功为止。在时隙 ALOHA 协议中,将时间划分成一系列固定长度的时隙,各节点只能在每个时隙开始时才能发送数据。显然,纯 ALOHA 实现简单,但其信道利用率较低,只能达到十分之一左右。相对而言,时隙 ALOHA 能够将信道利用率提高一倍以上。但是,它要求在各节点之间实现时间同步,这将大大增加系统实现的复杂性。

CSMA 协议是在 ALOHA 协议的基础上提出的。它与 ALOHA 协议的主要区别是使用了一个载波侦听装置,用来提供载波侦听功能。采用 CSMA 协议时,各节点在发送数据之前将先对共享信道进行侦听,然后根据信道的忙闲状态再决定是否进行发送,而不是简单地直接发送或在时隙开始时发送。CSMA 协议有多种类型,包括非坚持型、1-坚持型和 p-坚持型。在非坚持 CSMA 协议中,节点一旦侦听到信道忙或发现其他节点在发送数据,就不再坚持侦听,而是根据协议的退避算法延迟一段随机的时间重新再侦听。若侦听时发现信道空闲,则将数据发送出去。

由于采用了载波侦听技术,在相当程度上减少了各节点发送数据的盲目性,从而有效地提高了信道的利用率和整个网络的吞吐量。然而,非坚持 CSMA 协议存在一个明显的缺点,那就是在这种协议中,节点一旦侦听到信道忙就马上延迟一段随机的时间再重新侦听。而在实际应用中,信道很有可能在节点上次侦听和下次侦听期间变成空闲状态。因此,非坚持CSMA协议有可能无法及时发现信道状态的变化,这将影响信道利用率的提高。为了克服这一缺点,可以采用坚持CSMA协议。

在坚持CSMA协议中,节点在侦听到信道忙时,仍坚持侦听,一直侦听到信道空闲为止。在侦听到信道空闲后,节点可以采用两种不同的策略发送数据。第一种策略是以概率1立即发送数据,称为1-坚持型CSMA。这种策略的优点是能够充分抓紧时间发送数据。但若有两个或多个节点同时在侦听信道,则一旦信道空闲,这些节点都会立即发送数据,从而造成数据冲突,反而影响吞吐量的提高。为了解决这一问题,可以采用第二种策略,即当信道空闲时,各节点以概率 p 发送数据,而以概率 $(1-p)$ 延迟一段时间,再重新侦听信道,这种策略称为p-坚持型CSMA。在实现以概率 p 发送数据时,可以选择一个 $0\sim1$ 的随机数 i。若 $i<p$,则发送数据,否则延迟一段时间再重新侦听信道。这里,概率 p 的值是事先设定的。p-坚持型CSMA协议可以根据信道上通信量的多少设定不同的 p 值,从而进一步提高信道的利用率。另外,由于网络中各节点间的距离不同,节点间的传播时延也不相等。为了简单起见,可以统一使用位于网络两端的节点间的传播时延作为延迟时间 T 的值,这也意味着协议考虑了网络中最坏的延时情况。

虽然CSMA协议能够通过载波侦听减少数据冲突发生的机会,但由于传播时延的存在,网络中仍然不可避免会发生数据冲突,从而影响信道的利用率。为此,可以在CSMA协议的基础上,增加冲突检测(Collision Detection)的功能,形成带有冲突检测的载波侦听多路访问(Carrier Sense Multiple Access with Collision Detection,CSMA/CD)协议。CSMA/CD协议的基本思想是当节点侦听到信道空闲时就发送数据,同时继续侦听下去。若侦听到发生冲突,则立即放弃当前数据的发送。这样可以使信道很快地空闲下来,从而进一步提高信道的利用率。CSMA/CD协议主要应用于以太网中,如IEEE 802.3标准的MAC协议就采用了CSMA/CD协议。但在无线网络中,冲突的检测存在一定的问题,这是由于检测冲突要求节点必须能够同时接收和发送无线信号,这将大大增加节点成本,在许多无线系统中较难实现。而且,在多跳的无线网络中,存在"隐终端问题(Hidden-Terminal Problem)",CSMA和CSMA/CD协议的应用受到很大的限制。

为了解决上述问题,多跳的无线网络通常采用带有冲突避免的载波侦听多路访问(Carrier Sense Multiple Access with Collision Avoidance,CSMA/CA)协议,如IEEE 802.11标准的MAC协议就采用了CSMA/CA协议,这一协议也同样适合在无线传感器网络中使用。在CSMA/CA协议中,为了避免冲突的发生,在发送端和接收端之间引入了一种握手(Hand-Shake)机制。在传送数据前,发送端先向接收端发送一个请求发送报文(RTS),等待接收端应允许发送报文(Clear-To-Send,CTS)后,再开始传送。通过这样一个握手过程,可以使收发双方的相邻节点都能够了解到信道上即将进行的数据传送,从而及时退避,避免发生冲突。在这种情况下,冲突将主要发生在 RTS 报文,从而大大地减少了数据冲突的发生。而且,由于 RTS 和 CTS 报文都非常小,不会增加太多的额外开销。为了提高 CSMA/CA 协议的性能,提出了一种带冲突避免的多路接入协议(Multiple Access with Collision Avoidance MACA)。这种协议在 RTS 和 CTS 报文中增加了一个附加的域,用来指示所需传送的数据量,从而使其他节点能够了解所需退避的时间。研究人员还提出了无线 MACA(MACAW)协议,进一步提高了 MACA 协议的性能。IEEE 802.11 标准的分布式协调功能(Distributed Coordination Function,DCF)主要建立在 MACAW 基础上,并具有 CSMA/CA、MACA 和 MACAW 等协议的所有特征。

综上所述,CSMA/CA 是比较适合在无线传感器网络中使用的一种基本竞争型 MAC 协议。在 CSMA/CA 的基础上,研究人员设计了多种适合无线传感器网络应用的竞争型 MAC 协议,如 S-MAC、T-MAC、WiseMAC、Sift 协议等。

2. 非竞争型 MAC 协议

非竞争型 MAC 协议采用固定使用信道的方式,其基本思想是将共享信道根据时间、频率或伪噪声码划分成一组子信道,并将这些子信道分配给各节点,使得每一个节点拥有一个专用的子信道,用于数据的发送。这样,不同的节点就可以在相互不干扰的情况下访问共享信道,从而有效地避免不同节点之间的数据冲突。

在传统的无线网络中,最典型的非竞争型 MAC 协议有时分多路接入(Time Division Multiple Access,TDMA)、频分多路接入(Frequent Division Multiple Access,FDMA)和码分多路接入(Code Division Multiple Access,CDMA)协议。TDMA 协议将共享信道划分成一组固定的时隙,并将这些时隙组织成周期性重复的帧。同时,为每一个节点分配一个时隙,且只允许各节点在每一帧分配给自己的时隙中发送数据。TDMA 协议已在无线蜂窝系统中得到广泛使用。在典型的蜂窝系统中,各蜂窝小区内的基站为每个移动终端分配时隙,并提供时间同步信息。各移动终端只与基站进行通信,而相互之间不需要直接进行通信。TDMA 协议的主要优点是具有较高的能量效率,因为移动终端在不发送数据时可以关闭相应的发送器等部件。

然而,与其他 MAC 协议相比,TDMA 协议也具有一些局限性。例如,它通常要求网络中的节点组织成类似于蜂窝通信系统中蜂窝的簇的形式。因此在可扩展性和适用性方面受到一定限制。而且,它要求各节点之间严格的时间同步,这将增加网络实现的复杂性。FDMA 协议将共享信道的频谱划分成许多无重叠的子频带,并将这些子频带分配给各节点。各节点可以在任何时候发送数据,但只能在所分配的频率上发送,以避免相互之间发生干扰。FDMA 协议最主要的优点是实现简单。但是,它要求在两个相邻的子频带之间留有一定的保护频带,以避免相互之间发生干扰,因为发送器不可能将其发送的全部功率集中在其主带内。这些保护频带将浪费相当大的带宽。而且,发送器必须非常准确地控制其发送功率,如果发送器在其主带内输出的功率太大,其边带内的输出功率和也会比较大,从而会对相邻的信道产生干扰。

CDMA 协议采用正交伪随机码划分共享信道,所有节点可以在同一个信道内同时发送数据,但使用不同的伪随机码。CDMA 系统的主要优点是抗干扰能力强,系统容量较大,终端可以采取较低的发射功率。缺点是终端设计复杂,同步精度要求高。

无线传感器网络一般也可以采用上述非竞争型 MAC 协议。但总体而言,TDMA 是目前无线传感器网络 MAC 协议中采用比较多的一种基本非竞争型 MAC 协议。在 TDMA 的基础上,研究人员设计了多种适合无线传感器网络应用的非竞争型 MAC 协议,如 DEANE、SMACS、DE-MAC、TRAMA 协议等。

3. 混合型 MAC 协议

混合型 MAC 协议通常针对无线传感器网络的特征以及一些应用的具体要求,将竞争型和非竞争型 MAC 协议有效地进行结合,以减小节点间的数据冲突,同时改善网络的传输性能。

3.2 无线传感器网络的 MAC 协议设计

由于无线传感器网络所具有的特征,无线传感器网络 MAC 协议的设计目标以及设计中所面临的主要问题与传统无线网络的 MAC 协议不同。

3.2.1 设计目标

MAC 协议的基本功能是协调多个节点对共享媒体的访问,以避免来自不同节点数据之间的冲突。除此之外,MAC 协议在设计时还需要考虑能量效率、可扩展性、适应性、信道利用率、吞吐量、实时性和公平性等其他因素,以提高网络的性能,满足不同应用的要求。在无线传感器网络中,MAC 协议的设计目标主要包括以下几个方面。

1)提高能量效率。能量效率是指成功传输单位数据所消耗的能量,是无线传感器网络 MAC 协议设计中必须考虑的最重要因素之一。由于传感器节点一般采用电池供电,且充电、更换电池非常困难,甚至不可能。因此,MAC 协议必须尽可能使节点降低能量消耗,才能最大限度地提高能量效率,延长传感器节点的寿命和整个网络的生命期。

2)提高可扩展性。可扩展性是指 MAC 协议适应网络大小变化的能力。在无线传感器网络中,所部署的传感器节点的数量可以在几十、几百或上千的数量。MAC 协议应该能够适应这种网络大小的变化。

3)提高适应性。适应性是指 MAC 协议适应节点密度和网络拓扑变化的能力。在无线传感器网络中,节点部署的密度可以很低,也可以非常高。同时,节点可以因为故障或能量耗尽而停止工作,也可以根据需要加入网络或在网络中移动,这都将造成节点密度和网络拓扑的变化。MAC 协议应该能够有效地适应这种节点密度和网络拓扑的变化。

4)提高信道利用率。信道利用率是指用于有效通信的带宽利用率。在无线传感器网络中,由于所使用的无线信道带宽十分有限,MAC 协议必须能够高效地利用有限的带宽资源。

5)降低端到端传输迟延。端到端传输迟延是指源节点发送一个分组到目的节点,成功接收该分组所经历的迟延。在无线传感器网络中,降低端到端传输迟延的重要性取决于具体的应用。对于某些应用来说,如科学探索中的数据采集,在传输迟延方面没有严格的要求。而对于许多实时应用来说,如森林火灾的监测,端到端传输迟延则是一个必须重点考虑的指标。

6)提高吞吐量。吞吐量是指在单位时间内发送节点向接收节点成功传输的数据量,通常以位或字节数来度量。吞吐量会受到许多因素的影响,比如,防撞效率、控制开销、信道利用率和传输迟延等。与传输迟延类似,在无线传感器网络中,吞吐量的重要性取决于不同的应用。

7)保证公平性。公平性是指不同传感器节点公平地共享公共传输信道的机会。在某些传统无线网络中,节点的公平性对于保证用户的服务质量十分重要。在无线传感器网络中,所有节点协作完成一项共同的任务,因此,重要的不是实现对于每个节点的公平性,而是确保对于整个任务的服务质量。

上述设计目标中,能量效率、可扩展性和适应性是无线传感器网络 MAC 协议设计中首先需要考虑的因素。特别是能量效率,它对传感器节点的寿命和整个网络的生命周期有着至关重要的影响。在许多情况下,甚至值得用网络的其他性能来换取网络的能量效率。

3.2.2　节能设计

如前所述,能量效率是无线传感器网络设计中需要考虑的最重要的因素。通常,网络中的能量消耗发生在 3 个方面:数据感知、数据处理和数据通信。其中,数据通信是能量消耗最主要的来源。根据实验结果,在 100 m 的距离上发送 1 kbit 的数据需要消耗 3 J 的能量。

而使用同样的能量,一个具有每秒处理 100 万条指令能力的通用处理器能够处理 300 万条指令。因此,在无线传感器网络中,应该尽可能减少网络中传送的数据量。为实现这一目标,传感器节点应该利用其处理能力先对数据进行局部、简单的处理,然后再将经过部分处理后的数据传送给汇聚节点做进一步处理,而不是将所有原始数据全部传送给汇聚节点进行处理。同时,在 MAC 层,可以采用高效的 MAC 协议来提高数据通信的能量效率。为设计高能效的 MAC 协议,必须确定 MAC 层能量浪费的主要来源。有关实验研究表明,无线传感器网络 MAC 层的能量浪费主要来源于 4 个方面:冲突、串音、空闲侦听和控制开销。

1)冲突。冲突发生在两个或多个传感器节点同时向共享信道发送分组数据或消息时,其结果会导致分组出错或丢失。重传分组将增加能量消耗和传输迟延。

2)串音。串音发生在一个传感器节点接收到发往其他节点的分组数据或消息时,其结果会导致不必要的能量浪费,特别是在网络负载大、节点密度高的时候。

3)空闲侦听。空闲侦听发生在一个传感器节点为了接收可能的数据侦听无线信道,而网络中实际上并没有数据在传送的时候。在这种情况下,节点将长时间处于空闲状态,这将导致节点浪费大量的能量。有关研究表明,空闲侦听所消耗的能量占接收数据所消耗能量的 50%～100%。

4)控制开销。MAC 协议正常工作需要发送、接收和侦听一定数量的控制信息,传送这些额外的控制信息也会消耗能量。

3.2.3 技术挑战

近年来,无线传感器网络 MAC 协议的研究已经取得了很大进展,提出了许多不同的 MAC 协议。但是,无线传感器网络 MAC 协议在设计上仍然存在一些关键性的技术问题需要解决,这些问题主要包括以下几个方面。

1. 节点的休眠调度问题

睡眠节点调度是降低传感器节点能耗的有效方法。在传感器节点中,无线通信模块的状态包括四种:发送、接收、监听和休眠。在这些状态下,无线通信模块每单位时间消耗的能量按照上述顺序依次降低,即发送状态下节点消耗的能量最多,接收状态下消耗的能量和监听状态小于发送状态下的能量消耗。睡眠状态下的功耗远低于其他状态下的功耗。因此,从节能的角度来看,通常希望节点尽可能地处于休眠状态。为了确保节点能够及时接收发送给它的数据,无线传感器网络 MAC 协议通常使用"监听/休眠"替代机制来访问无线信道。当有数据收发时,节点开启通信模块发送或收听;如果没有要发送或接收的数据,则节点控制通信模块进入休眠状态以减少由空闲监听引起的能量消耗。但是,采用这种机制时,如果听音时间过长,会导致能量浪费;如果收听时间太短,传输延迟将会增加。因此,在设计MAC 协议时,合理选择睡眠时间长度是一个难题。另外,在这个监听/休眠机制中,还需要协调各个节点的监听和休眠周期,以便收发器节点保持同步并防止节点在休眠时错过发送给它的数据。如果目标节点处于休眠状态或唤醒后未准备好,则源节点将开始发送,并且接收端将无法正常接收目标节点。这将导致源节点中的能量浪费。

2. 协议的复杂度问题

传感器节点在能量、处理、存储和通信能力方面的限制决定了无线传感器网络 MAC 协议不能过于复杂。对于许多无线传感器网络应用来说,其数据速率很低,有的甚至低至每天仅传输几位数据。由于 MAC 协议的帧头和控制消息不包含有效数据,它们相对所传送的数据而言是一种额外开销。如果协议设计得过于复杂,这种协议开销就会非常大,将造成很大的能量浪费。

3. 复杂度与性能间的折中问题

许多现有的无线传感器网络 MAC 协议为了最小化网络的能量消耗，往往以提高节点复杂度为代价。例如，基于低功耗前导码的 MAC 协议以增加额外的接收信号检测电路为代价来降低功耗。这对于处理和存储能力有限的实际传感器节点来说，通常难以实现。因此，在 MAC 协议设计中，应该根据实际应用的需求，在复杂度与性能之间寻找最佳折中方案。

4. 性能指标间的折中问题

在无线传感器网络 MAC 协议中，各种性能指标之间经常会发生矛盾。例如，为了降低功耗，通常希望节点尽可能长时间处于休眠状态，但这势必会增大消息或数据的迟延。为了降低成本，希望使用低成本的时间基准，但这势必会降低时间基准的稳定度，影响基于时分复用的 MAC 协议的性能。因此，在 MAC 协议设计中，应该根据实际应用的需求，在各种性能指标之间寻找最佳折中方案。

3.3　无线传感器网络的 MAC 协议

由于无线传感器网络具有与应用相关的特征，所以无线传感器网络不可能采用通用统一的 MAC 协议。因此，近年来研究人员提出了各种适用于不同应用场合的无线传感器网络 MAC 协议。本节介绍其中一些典型的竞争型、非竞争型和混合型 MAC 协议。

3.3.1　竞争型 MAC 协议

竞争型 MAC 协议采用按需使用信道的方式，具有信道利用率高、可扩展性好等优点。本节介绍几个典型的无线传感器网络竞争型 MAC 协议，包括 S-MAC、T-MAC、WiseMAC 和 Sift 协议等。

1. S-MAC 协议

S-MAC 协议是较早提出的一种适用于无线传感器网络的 MAC 协议。这种协议是在传统无线网络 MAC 协议的基础上，针对无线传感器网络能量受限、数据传输量少、对传输迟延和节点间的公平性要求相对较低等特点而提出的，其主要设计目标是提高网络的能量效率，并提高大规模网络应用所需的可扩展性。为实现这一设计目标,S-MAC 协议在 IEEE 802.11 协议标准的基础上,采用了多种有效控制机制,以降低媒体访问控制中所消耗的能量,并允许在一定程度上降低传输迟延和公平性方面的性能,以提高网络的能量效率。这些控制机制主要包括周期性侦听和休眠机制、消息冲突与串音避免机制和长消息传递机制。

(1)周期性侦听和休眠机制

为了减少空闲侦听,S-MAC 协议采用了周期性侦听和休眠机制。采用这种机制,每个节点周期性地进入休眠状态。在休眠状态,节点关闭其收发器等电路,以节省能量,并设置一个定时器,在一段时间后将其唤醒,进入侦听状态。在侦听阶段,节点根据发送和接收的需求判断是否需要与其他节点进行通信。一个完整的侦听和休眠周期称为一帧,每一帧以侦听阶段开始,然后是休眠阶段。在侦听阶段,若节点没有数据需要发送或接收,则进入休眠状态;若节点有数据需要发送或接收,仍然可以处于唤醒状态。同时,侦听阶段又被划分为两部分:一部分用于 SYNC 消息的发送或接收,另一部分用于数据分组的发送或接收。每一部分有一个由许多小时隙组成的竞争窗口,供发送节点进行载波检测。一般来说,一个侦听阶段可以支持多个数据分组的传输。在此期间,同处侦听阶段的相邻节点可以交换数据,侦听阶段结束之后,节点进入休眠阶段。当相邻节点采用"同时侦听、同时休眠"的工作模式时,称这些节点采用相同的休眠调度。在正常情况下,侦听阶段的时间长度是固定的,取决于物理层和 MAC 的参数,如信道带宽和竞争窗口大小等,并可以随不同应用的需求而确定。

在 S-MAC 协议中,所有节点可以自由地选择各自的侦听和休眠时间。但是为了减小控制开销,相邻节点应该相互协调,尽可能采用相同的侦听和休眠调度,而不是根据自己的情况随机地进入休眠状态。为了建立协调或同步的休眠调度,每个节点需要通过向其直接相邻节点广播 SYNC 消息与其他节点交换其休眠调度信息,并维护一张时间调度表,记录其所有已知相邻节点的侦听和休眠调度信息。采样相同休眠调度的相邻节点侦听到信道空闲后,可以直接通信。但在一个分布式多跳网络中,实现所有相邻节点休眠时间的同步通常是比较困难的工作。因此,S-MAC 协议允许一个节点采用多个休眠调度,以使采用不同休眠调度的节点可以通过这类节点进行数据转发,从而使得网络能够在多跳的情况下正常工作。

另外,节点的时钟漂移会引起走时误差,影响休眠时间的协调和同步。为解决这一问题,S-MAC 协议采用相对时间戳代替绝对时间戳,同时使侦听阶段的时间长度远大于时间漂移。但是,为了维持同步,各节点仍然需要周期性地更新它们的休眠时间,以防止长期的时钟漂移。为此,各节点通过

SYNC 消息周期性地向其相邻节点广播其休眠时间。SYNC 消息是一个很短的控制分组，它包含有发送节点的地址及其下一次休眠时间，该休眠时间是相对于发送节点开始发送 SYNC 消息的时间。当一个节点收到此 SYNC 消息后，将用消息中所携带的下一次休眠时间值更新其定时器。

为了接收 SYNC 消息和数据包，节点的侦听阶段被划分成两部分：第一部分用于接收 SYNC 消息，第二部分用于接收 RTS 和发送 CTS 消息，各部分又被进一步划分为许多小的时隙，用于发送节点进行载波检测。

(2) 消息冲突与串音避免机制

消息冲突与串音避免是竞争型 MAC 协议需要解决的主要问题之一。为此，S-MAC 协议采用类似于 IEEE 802.11 DCF 中的冲突避免机制。为了避免冲突，S-MAC 协议同时采用物理载波检测和虚拟载波检测，并采用 RTS/CTS 机制解决隐终端问题。在虚拟载波检测中，每个发送的数据包都包含一个时间域，用于指示其发送将持续的时间。这样，当某个节点接收到一个发往其他节点的数据包时，会立刻知道自己应该保持多长的沉默时间。这一时间值被记录在一个称为网络分配向量（Network Allocation Vector, NAV）的变量中，该变量随着接收到的数据包而不断被刷新。同时，节点为 NAV 变量设置了一个定时器，通过倒计时的方式更新 NAV 变量，直到变量的值为零。当节点有数据需要发送时，首先检查 NAV 变量的值，NAV 变量值非零表明信道被占用。在 NAV 变量值为非零期间，节点保持休眠状态。若 NAV 变量值为零，节点则进行物理载波检测。物理载波检测通过节点在物理层侦听信道来完成，整个过程与发送 SYNC 消息时的侦听过程一样。当虚拟载波检测和物理载波检测均指示信道空闲时，节点开始发送数据。所有节点在发送数据前需进行载波检测。若某个节点不能占用信道，则进入休眠状态，并在接收节点空闲时被唤醒，再次进行侦听。在发送广播数据包时，S-MAC 协议不使用 RTS/CTS 消息，而在发送单播数据包时，则使用 RTS/CTS 消息，并以 RTS-CTS-Data-ACK 的顺序进行数据传送。当成功交换 RTS/CTS 消息后，发送节点与接收节点将在正常的休眠阶段进行数据传送，而不进入休眠状态，直到数据传送结束为止。

为了避免串音，S-MAC 协议使节点在接收到发往其他节点的 RTS 和 CTS 消息后进入休眠状态。由于正常情况下数据包比控制分组长很多，这就可以避免相邻节点不必要地侦听其后的数据包和确认（ACK）消息，从而达到避免串音的目的。

(3) 长消息传递机制

在某些情况下，传感器节点需要传送较长的数据消息。这里，消息是指一组相关数据单元的集合，它可以是一个短的数据包，也可以由一长串数据包所组成。如果将一个长消息作为一个数据包发送,则一旦数据包的发送失败,哪怕是几位数据的错误,就需要重传整个数据包,这将大大增加发送的代价。如果将一个长消息分割成多个短数据包进行发送,虽然在发送失败情况下只需重传出错的数据包,但由于每个数据包在竞争信道时需要使用 RTS 和 CTS 消息,因此仍然会增加数据的传输迟延和协议的控制开销,包括发送数据包时的控制消息和每个数据包本身的差错控制开销等。

为解决上述问题,S-MAC 协议采用了一种称为"消息传递(Message Passing)"的机制来高效地传送长数据消息。与 IEEE 802.11 所采用的处理方法类似,S-MAC 协议将长数据消息分割成多个短数据包进行发送。与 IEEE 802.11 不同的是,S-MAC 协议只使用一个 RTS 消息和一个 CTS 消息为所有短数据包预约信道,每个短数据包分开进行确认,只有当某个短数据包的确认没有收到时才重发该数据包。如果某个相邻节点接收到此 RTS 消息或 CTS 消息,该节点将进入休眠状态,并在所有短数据包的发送期间保持休眠状态。除了 RTS 消息和 CTS 消息,每个短数据包或 ACK 消息都包含一个时间域,用来指示发送所有剩余数据包或 ACK 消息所需的时间,并允许在发送期间被唤醒的节点返回休眠状态。这不同于 IEEE 802.11 的分割模式,在 IEEE 802.11 中,每段数据只指示是否还有数据段存在,而不指明所有的数据段。如果一个节点在某一发送节点发送的中间被唤醒或一个新的节点在发送的中间加入网络,不管该节点是发送节点的相邻还是接收节点的相邻,它都可以立即进入休眠状态。如果由于发生数据段丢失或出错,发送节点可以延长其发送时间,而休眠的相邻节点不会立即察觉到这种延长。然而,当它们唤醒时,可以从重传的数据段或 ACK 消息中知道这一变化。总之,S-MAC 协议比 IEEE 802.11 协议具有更高的能量效率、更强的可扩展性,能够更好地适应网络拓扑结构的变化。但由于采用固定的休眠占空比信道的带宽利用率受到一定影响,且传输迟延较大。此外,协议实现比较复杂,需要占用较大的存储空间。S-MAC 协议最主要的缺点是较大的消息传输迟延,因为它是以牺牲迟延换取能量节省的。

2. T-MAC 协议

S-MAC 协议采用了周期性侦听和休眠机制,除了发送长数据消息外,节点的侦听和休眠周期是固定的,侦听和休眠的时间长度与网络负载的大小和具体应用的需求有关。负载越大,允许休眠的时间越短,否则会造成过大的消息迟延。为了满足传输迟延的需求,休眠时长的选择应该满足网络最大负载情况下的需要,但这将会导致在网络负载较低时,因空闲侦听过长而浪费大量能量。

T-MAC(Timeout MAC)协议是针对上述问题提出的一种竞争型 MAC 协议。T-MAC 协议在保持休眠周期长度不变的基础上,根据网络的负载情况动态调整活动期的长度,并采用突发方式发送数据消息,以减少空闲侦听。在 T-MAC 协议中,各节点周期性地被唤醒,进入活动期,并在活动期间与相邻节点进行通信,然后进入休眠状态,直到下一帧到来。在传送数据时,各节点也采用 RTS-CTS-Data-ACK 的过程,以避免数据冲突,获得可靠的传输。在活动期间,节点保持侦听,并尽可能地发送所需传送数据消息。如果在指定的时间内,没有需要节点处理的"激活事件(Activation Event)"发生,活动期将立即结束,节点进入休眠状态。在休眠期间,节点如果有数据消息需要发送,则必须等到下一个活动期到来后再进行。在 T-MAC 协议中,"激活事件"有以下 5 种类型:

1)周期帧定时器溢出。

2)信道上收到数据包。

3)检测到信道上有通信在进行。

4)节点数据包或确认消息发送完毕。

5)相邻节点数据包发送完毕。

3. Sift 协议

Sift 协议是针对事件驱动的无线传感器网络提出的一种基于 CSMA 的竞争型 MAC 协议。在事件驱动的无线传感器网络中,同一个地理区域通常部署有多个传感器节点,这些节点对同一事件的感知通常具有一定的空间相关性。当某个相关的事件发生时,观测到这一事件的多个传感器节点将向汇聚节点发送消息,报告所发生的事件。如果多个节点同时有消息需要发送,将导致对发送信道的竞争,且竞争发送的节点数目随时间变化。然而,许多无线传感器网络应用只需要感知到事件的发生,而没有必要让所有观测到该事件的传感器节点都报告事件的发生。因此,无线传感器网络 MAC 协议应该不仅能够解决这种空间相关性竞争问题,而且能够适应竞争节点数动态变化的情况。Sift 协议正是针对上述问题而提出的一种竞争型 MAC 协议,其设计目标是使观测到同一事件的 N 个节点中的 R 个节点能够在最短的时间内无冲突地发送出事件报告消息,而让其他节点停止发送消息。若 $R = N$,这一问题即为传统 MAC 协议设计中的吞吐量优化问题。

在传统的基于竞争窗口(Contention Window,CW)的 MAC 协议中,如 IEEE 802.11 MAC 协议的 DCF 模式,当节点有数据需要发送且侦听到信道空闲时,节点将首先在竞争窗口内随机地选择一个整数,然后退避(Back

Off)相同整数的时隙,再开始发送数据消息。若发生消息冲突,节点将增加竞争窗口的长度,并在新的窗口内重新随机选择一个整数,以降低再次发生消息冲突的概率。但这种方法存在一些问题。首先,当多个节点同时观测到同一事件时,会导致这些节点同时发送数据消息,这将加剧信道的竞争。由于事件发生之前,节点通常处于空闲状态,竞争窗口长度较小,因此需要经过较长的时间来调整竞争窗口的值。其次,如果节点的竞争窗口值已经较大,此时发生某一事件且观测到该事件的节点数目较少,则会造成报告事件的延迟增大。因此,这种自适应调整竞争窗口值的方法无法保证事件报告的迟延性能。此外,这些 MAC 协议的设计目标是保证所有的节点都有机会发送数据,而无线传感器网络中往往只需部分节点能够无冲突地报告事件。

与传统的基于竞争的 MAC 协议相比,Sift 采用不同的竞争控制策略。它不使用变量争用窗口,而是使用具有固定窗口值的争用窗口。节点不会从竞争窗口中随机选择传输时隙,而是在不同的时隙选择不同的数据传输概率,以达到避免报文冲突的目的。在 Sift 协议的工作过程中,当一个节点观察一个事件时,它首先假定当前有 N 个节点竞争接入信道来确定下一个第一时隙的传输概率,其中假设的 N 值可能大于实际的节点数量。如果节点没有在第一个时隙发送消息而没有其他节点发送消息,则该节点减少假设的竞争发送节点的数量,并相应地增加选择第二个时隙发送数据的概率;如果节点没有选择前两个时隙,并且没有其他节点在第二时隙中发送消息,则该节点继续减少假设的竞争发送节点的数量,并且进一步增加选择第三时隙到发送数据,等等。

Sift 协议适用于事件驱动的无线传感器网络,其主要特点是采用了与传统基于竞争窗口的 MAC 协议所不同的固定窗口竞争控制策略。Sift 协议的主要优点是能够有效地减小消息的传输迟延,但由于采用固定的竞争窗口,需要节点间保持时间同步,这将增加系统的复杂性。而且,由于节点在发送数据前需要侦听每个时隙,以确定是否需要调整 N 的值,这将增加节点的能量消耗。

4. WiseMAC 协议

WiseMAC(Wireless Sensor MAC)是一种基于前导码(Preamble)侦听的高效能 MAC 协议。该协议将非坚持 CSMA 协议与同步的前导码侦听机制有效地结合,以减少节点空闲侦听的时间,降低节点的能量消耗。

在这种机制中,每个数据包的前面附加了一段比较长的前导码。发送这样一段前导码的作用是通知目标节点有数据即将发送过来,使其能够调整电路准备接收数据。这种机制的基本思想是通过发送前导码使接收节点能够减少空闲侦听的时间,以降低消耗在空闲侦听上的能量。所有节点采用相同的时间间隔周期性地开启无线收发装置,对信道进行抽样侦听,检测是否有前导码,它们的相对抽样时间偏移可以相互独立。如果目标节点检测到前导码,它将一直侦听信道,直到接收完数据包或信道再次变成空闲;如果没有检测到前导码,则节点重新进入休眠状态,直到下一个信道抽样时刻到来。这种载波侦听机制可以与任何一种竞争型的 MAC 协议相结合,以设计出低功耗的 MAC 协议,如与 ALOHA 协议结合设计出的前导码侦听协议和与 CSMA 协议结合设计出的低功耗侦听协议。

然而,采用固定长度的前导码会导致较高的功率消耗;同时,由于目的节点以外的其他节点也会接收前导码并接收数据,因此会造成串音问题,且前导码越长,串音越严重。

为了降低固定长度前导码所造成的功率消耗,El-Hoiydi 等在前导码侦听的基础上提出了 WiseMAC 协议,其基本思想是让发送节点在接收节点快要侦听时才开始发送前导码,以减小前导码的长度。当发送节点有数据需要发送时,首先等待一段时间,直到接收节点载波侦听周期开始之前的某个时刻才开始发送前导码。为了准确控制载波的发送时刻,发送端必须知道接收端的信道抽样调度情况。为此,在 WiseMAC 协议中,每个节点需要维护一张其直接相邻节点的抽样调度表。接收节点在回送的 ACK 消息中包含了自身的休眠调度信息,如到下一个抽样时刻所剩的时间等,发送节点利用这一信息,刷新其抽样调度表,并根据抽样调度表中的信息调度前导码,使得目的节点的抽样时刻正好落在前导码的中间。由于每个节点的直接相邻节点数量一般较少,因此抽样调度表占用的内存资源不需要太多。

WiseMAC 协议能够缩短前导码的长度,保证目的节点准确检测到前导码,从而不仅能够减少节点空闲侦听的时间,降低节点的能量消耗,还能够降低串音发生的概率。该协议在低负载的情况下节点的能量消耗非常低,而在高负载的情况下能够获得较高的能量效率。虽然 WiseMAC 协议最初是为多跳无线网络设计的,它也适用于无线传感器网络的下行链路。研究结果表明,WiseMAC 协议比 IEEE 802.11 协议和 IEEE 802.15.4 协议中的节能模式更省能量。然而,采用 WiseMAC 协议时,由于不同相邻节点的抽样调度情况不同,节点在发送广播消息时必须为每个直接相邻节点单独发送一次,这不仅会增大消息的迟延,而且会造成能量的浪费。此外,WiseMAC 协议未解决隐终端问题。

3.3.2 非竞争型 MAC 协议

非竞争型 MAC 协议采用固定使用信道的方式,能够有效地避免数据冲突。本节介绍几种典型的无线传感器网络非竞争型 MAC 协议,包括 DEANA、SMACS、DE-MAC 和 TRAMA 协议等。

1. DEANA 协议

分布式能量感知节点激活(Distributed Energy-Aware Node Activation,DEANA)协议是一种基于 TDMA 的非竞争型 MAC 协议。这一协议并不是专门针对无线传感器网络设计的,但其基本思想被许多基于 TDMA 的无线传感器网络 MAC 协议所采用,因此有必要对其基本原理做简单介绍。

DEANA 协议的设计目标是减少在一个特定时隙内非目的接收节点的能量消耗。在 DEANA 协议中,时间帧被划分成两个部分:调度访问部分和随机访问部分。调度访问部分由多个时隙组成,其中每个时隙都可以分配给特定的节点发送数据。当节点在其分配的时隙内发送数据时,其他节点都处于休眠状态。与传统 TDMA 协议不同,DEANA 协议在每个节点传送数据的时隙前增加了一个短的控制时隙。如果节点有数据需要发送,则先在控制时隙发送一个控制消息,该消息包含有目的接收节点的身份信息,用于通知相邻节点是否需要接收数据,然后再发送数据。在控制时隙,节点的所有相邻节点必须处于接收状态。如果节点在接收到控制消息后得知自己不是数据的接收者,则进入休眠状态,以节省能量。在数据时隙,只有目的接收节点需要处于接收状态,而所有其他相邻节点可以进入休眠状态。随机访问部分用于发送或接收网络正常工作所需的其他控制消息,节点的时间同步也可以在此期间进行。在随机访问期间,所有节点必须处于发送状态或接收状态。因此,随机访问部分的长度对节点的能量消耗会产生较大的影响。

与传统的 TDMA 协议相比,DEANA 协议在节点知道不需要接收数据时进入休眠状态,从而能够部分解决串扰接收不必要数据的问题。然而,DEANA 协议要求所有节点保持严格的时钟同步,这对于能量和处理能力有限的传感器节点来说很难实现。此外,该协议不支持移动信号,可扩展性较差的节点。

2. SMACS 协议

SMACS(Self-Organizing Medium Access Control for Sensor Networks)

协议是一种基于 TDMA 和 FDMA 的分布式自组织传感器网络 MAC 协议。在 SMACS 协议中,每个节点都能够打开和关闭其无线发送和接收器,并将其载波频率调谐到不同的频带上。协议将相邻发现和信道分配两个阶段结合到一起,一旦发现某条链路,就立即为该链路分配两个信道。这样,当所有节点听到所有其他相邻的消息时,已形成一个连通的网络,其中任意两个不同的节点之间都存在至少一条一跳的路径。每个节点使用一种类似 TDMA 帧的超级帧,用于调度不同的时隙与已知相邻节点的通信。在每个时隙,一个节点只与一个相邻节点进行通信。为了减少可能的冲突,在建立链路时,为每条链路从一组可用频率中随机地选择一个频率,使每条链路工作在不同的频率上。当某条链路建立后,节点可以知道何时提前打开其收发器与另一个节点进行通信,并且在通信结束后关闭收发器。采用这样的调度机制,可以降低节点的能量消耗。另一方面,由于链路分配不需要收集全局连接信息,甚至不需要一跳以外的连接信息,因此,可以大大降低网络的能量消耗。SMACS 协议的主要缺点是它的频带利用率较低。

3. DE-MAC 协议

DE-MAC 协议(Distributed Energy-Aware MAC Protocol)是一种基于 TDMA 分布式能量感知 MAC 协议,其基本思想是利用 TDMA 的固有特性来避免由于冲突和控制开销所造成的能量浪费,并使用一种周期性侦听和休眠的机制来避免空闲侦听和串音。与一些其他 MAC 协议不同,DE-MAC 协议对能量较低的临界(Critical)节点有区别地进行处理,通过减小对它们的使用频度来实现节点间的负载平衡。节点的临界状态可以根据局部状态信息来确定,比如,可以根据一组相邻节点的相对能量大小来确定。为此,相邻节点周期性地执行一个本地选举程序,并根据它们的能量大小选择能量最低的作为赢者,使选举出的赢者比其相邻节点休眠更长的时间。这一本地选举过程完全与正常的 TDMA 时隙调度结合在一起,不会影响网络的吞吐量。具体而言,DE-MAC 协议初始时在一个 TDMA 帧内为每个节点分配相同数量的发送时隙,如果一个节点当前的能量低于一个阈值,则该节点可以独立地启动选举过程。一旦启动选举过程,该节点将其能量值发送给它的所有相邻节点。为了从其他节点接收能量值信息,各节点必须侦听所有发送的数据包。当有节点在发送时,其他节点不能休眠,这样才能使选举过程与正常的 TDMA 发送相结合,从而节省带宽。在选举过程结束时,最低能量的节点被选为赢者。如果选举出一个或多个赢者,所有非赢者将以某个恒定的系数(比如 2)减少其时隙数,同时使赢者的时隙数增加为非赢者时隙数的 2 倍。通过这样的时隙调整,临界节点的空闲侦听时间被减少,从而节省更多的能量。根据仿真结果,与基于 TDMA 的简单 MAC 协议相比较 DE-MAC 协议能够显著提高所节省的能量消耗。然而,DEMAC 协议的缺点是节点只有在自己所占用的时隙且无数据传输时才能进入休眠状态,而在其相邻节点所占有的时隙里,即使没有数据传输,也必须处于接收状态。

4. TRAMA 协议

流量自适应介质访问(Traffic-Adaptive Medium Access,TRAMA)协议是一种针对无线传感器网络提出的基于 TDMA 的 MAC 协议,其设计目标是实现无冲突、高能效的信道访问,同时保持较好的吞吐量、延迟和公平性等性能。TRAMA 协议通过保证无冲突的数据发送和节点状态调度,使无数据传输要求的节点进入低能耗的休眠状态,从而达到节省能量、提高能量效率的目的。同时,TRAMA 采用基于节点流量信息的分布式选举算法来确定在每个时隙发送的节点,以获得较好的吞吐量、迟延和公平性等性能。与传统的 TDMA 协议相比较,TRAMA 协议的时隙分配是基于流量的,因此能够避免将时隙分配给没有数据传输要求的节点。

TRAMA 协议将时间划分为相互交替的随机访问周期和调度访问周期。随机访问周期,又称为信令周期,被进一步划分为较小的信令时隙,用于发送信令消息;而调度访问周期,又称为发送周期,被进一步划分为较小的发送时隙,用于发送数据包和调度信息。每个时间帧由一个随机访问周期开始,在此期间每个节点可以随机选择一个时隙,通过竞争访问信道。随机访问周期和调度访问周期的占空比取决于网络的类型。在较动态的网络中,随机访问周期的频度应该高一些,因为在这种情况下,网络拓扑会发生较频繁的变化;而在较静态的网络中,随机访问周期的间隔可以长一些,因为在这种情况下,网络拓扑不会频繁地发生变化。在无线传感器网络中,节点的移动性通常较小,甚至无移动性。随机访问周期主要用于增添和删除网络节点。在此期间,所有节点必须始终处于活跃状态,以便能够发送相邻信息或从相邻节点接收信息。由于冲突,信令消息可能被丢弃,这会导致不同节点间相邻信息的不一致。为了保证相邻信息具有一定的可信度,需要合理地设置随机访问周期的长度以及信令消息的重传次数。此外,在此期间也可以进行时间同步。

TRAMA 协议有 3 个组成部分:相邻协议(Neighbor Protocol,NP)、调度交换协议(Schedule Exchange Protocol,SEP)和自适应选举算法(Adaptive Election Algorithm,AEA)。NP 用于获取一致的两跳范围内的网络拓扑信息和节点流量信息;SEP 用于在两跳相邻节点间建立和维护一致的发送和接收调度信息；AEA 算法用于选举当前时隙内的发送节点和接收节点，并让其他节点切换到低功耗的休眠状态。

（1）NP

在一致的两跳范围内掌握网络拓扑信息是避免传输冲突的先决条件。NP 的作用是在发生变化的网络拓扑时，使每个节点能够在两跳内准确掌握网络的拓扑结构。NP 在随机时间内执行。节点通过 NP 获得一致的两跳网络拓扑信息和节点流量信息，并以竞争的方式使用无线信道。NP 要求节点周期性地通告自己的身份标签或号码，是否有要发送的数据和紧邻节点的相关信息，并实现节点之间的时间同步。为了获得一致的两跳网络拓扑信息和节点流量信息，所有节点在随机接入期间必须处于活动状态，并发送带有自己的邻居列表变化信息的信令消息，以便节点加入时退出网络，两跳范围内的所有节点都可以了解这种变化。如果节点的邻居列表中没有变化，则节点仍然需要发送具有空内容的消息以向邻居节点通告其存在。如果节点在指定的时间内没有收到来自邻居节点的消息，则该邻居将从其邻居列表中删除。由于每个节点都有唯一的标识或号码，因此每个节点可以根据节点号独立计算每个时隙内两跳内所有节点的优先级，并确定每个时隙中优先级最高的节点，从而知道哪些时隙具有最高的优先权。具有最高节点优先级的时隙被称为获胜时隙。

（2）SEP

SEP 在调度访问周期内执行，用于在两跳相邻节点间建立和维护一致的发送和接收调度信息。在调度访问周期内，节点通过发送调度消息，周期性地向周围的相邻节点广播其调度信息，如节点的赢时隙、数据的接收节点或放弃赢时隙等信息。为了发送数据，节点首先根据应用层提供的信息，计算数据所需的传输时间；然后确定一个调度间隔，即一次调度所需的时隙个数，计算它在调度间隔内具有最高优先级的时隙，即节点的赢时隙；最后在赢时隙内发送数据，并通过一个调度消息向相邻节点通告其使用的时隙和数据的接收节点。如果节点没有足够多的数据需要发送，应及时放弃赢时隙以便其他节点使用。在节点的每个调度间隔内，最后一个赢时隙预留给节点广播其下一个调度间隔的调度消息。

SEP 通过发送调度分组交换各节点的调度信息。由于各节点间具有一致的两跳相邻拓扑信息，可以将相邻节点按照节点编号的升序或者降序排列，并采用位图（Bitmap）指定接收节点。位图中的每一位代表一个相邻节点，如果需要某个节点接收数据，则将其对应的位置置“1”，这样可以很容易地实现单播、广播或组播。如果节点放弃赢时隙，则将其位图中对应的所有位置均清“0”。最后一个非 0 时隙称为“变更时隙”，节点通过调度消息广播其调度信息。

（3）AEA算法

AEA算法是一种自适应选举算法，由每个节点在调度访问周期内的每个时隙上运行，用于确定所有两跳相邻节点的优先级，并根据当前两跳相邻节点的优先级和一跳相邻节点调度信息，确定节点在当前时隙上应该处于的状态：发送、接收或休眠。由于节点间获取的相邻节点信息是一致的，每个节点独立计算的每个时隙上各节点的优先级也是一致的，因此节点能够准确地确定每个时隙上优先级最高的节点。同时，AEA算法结合一跳相邻节点调度信息，确定节点在当前时隙上的状态。只有当节点有数据需要发送，且在竞争中具有最高优先级时才能处于发送状态；只有当节点是某发送节点指定的接收节点时，才能处于接收状态；在其他情况下，节点都处于休眠状态。

TRAMA是一种无冲突的MAC协议。在TRAMA协议中，节点通过与相邻交换信息获得两跳范围内的网络拓扑信息和节点流量信息。根据拓扑信息和流量信息，协议分配信道时隙，从而避免冲突。TRAMA协议的主要缺点是协议实现的复杂度较高，控制信息交换导致的开销较大，从而造成网络的鲁棒性降低。

3.3.3 混合型MAC协议

混合型MAC协议将竞争型协议和非竞争型协议的优点有效地结合，以避免节点间的数据冲突，改善网络的性能。本节介绍两种典型的混合型MAC协议：Z-MAC协议和Funneling-MAC协议。

1. Z-MAC协议

Z-MAC协议是针对无线传感器网络提出的一种混合型MAC协议，它结合了TDMA和CSMA的优点，同时弥补了它们的缺点。Z-MAC协议最主要的特征是对网络中传输竞争程度的适应能力强。在传输竞争程度较低时，Z-MAC协议类似于CSMA协议，能够获得较高的信道利用率和较低的传输迟延。当传输竞争较激烈时，它类似于TDMA协议，能够获得较高的信道利用率，并以较低的代价减少两跳相邻节点间的传输冲突。而且，Z-MAC协议对于时间同步的误差、时隙分配的失败、时变信道的状态、动态、拓扑的变化具有较强的鲁棒性。Z-MAC协议采用CSMA协议作为基本的媒体访问机制，同时采用TDMA调度解决竞争。在Z-MAC协议中，时隙分配是在部署节点时进行的，这会导致较大的初始化开销，但较大的初始化开销对于较长的网络运行周期而言,最终会在吞吐量和能量效率等性能上得到补偿。时隙分配由一种高效、可扩展的调度算法(GRAND 算法)完成。时隙分配完成后,各节点在每个预先确定的帧周期内重复使用分配给它的时隙。分配给某一时隙的节点称为该时隙的拥有者,而其他节点则是该时隙的非拥有者。由于 GRAND 算法允许任意两个两跳之外的节点拥有相同的时隙,因此每个时隙可以有一个以上的拥有者。

与 TDMA 协议不同,在 Z-MAC 协议中,一个节点可以在任意时隙发送数据。当一个节点需要在某个时隙发送数据时,它总是在发送前先进行载波检测,当信道空闲时再发送数据。但是,该时隙的拥有者总是比其非拥有者具有更高的信道访问优先权。为了实现这种优先权,ZMAC 协议调整了初始竞争窗口的大小,使得时隙的拥有者比非拥有者总是能有更早的机会发送数据。这样,在拥有者需要发送数据的时隙内,能够有效地减少冲突的可能性,而在拥有者无需发送数据的时隙内,非拥有者可以使用该时隙。所以,Z-MAC 协议能够根据网络中信道竞争的程度在 CSMA 协议和 TDMA 协议之间动态地调整媒体访问控制的机制。

通过 CSMA 与 TDMA 的结合,使得 Z-MAC 协议比 TDMA 协议本身对于时间同步的误差、时隙分配的失败、时变信道的状态、动态拓扑的变化具有更强的鲁棒性。在最坏的情况下,Z-MAC 协议变成 CSMA 协议。由于 Z-MAC 协议仅要求在两跳内的发送节点间进行局部同步,它采用了一种局部同步机制。在这种同步机制中,每个发送节点根据其当前的数据速率和资源状况调整其同步频率。根据仿真结果,在传输竞争程度中等或较强的情况下,ZMAC 协议比 TinyOS 中采用的 B-MAC 协议具有更好的性能,但在竞争程度较低的情况下,Z-MAC 协议的性能稍差一些,特别是在能量效率方面。即使在时钟没有完全同步且发生一定程度时隙分配失败的情况下,Z-MAC 协议的性能与 CSMA 协议的性能相近。

2. Funneling-MAC 协议

Funneling-MAC 协议是针对无线传感器网络提出的另一种混合型MAC 协议,它结合了 TDMA 协议和 CSMA/CA 协议的特点,其设计目标是解决无线传感器网络中特有的漏斗现象(Funneling Effect)。

漏斗现象是指无线传感器网络观测区域中所产生的观测数据以多对一的模式逐跳向汇聚节点传输时所造成的现象。在这种现象中,当所传送的观测数据逐渐接近汇聚节点时,各中间节点所需转发的数据量或流量强度(Transit Traffic Intensity)会急剧增加,从而造成分组的拥塞、冲突、丢失、迟延和节点能量消耗的增加。这里,汇聚节点附近几跳范围内的区域被称为漏斗区域(Funneling Region)或强度区域(Intensity Region),区域的深度由汇聚节点确定。在漏斗区域内,传感器节点距离汇聚节点越近,出错或丢失的分组数会越大,所消耗的能量也会越多,这将大大缩短这些节点的寿命以及整个网络的生存时间。因此,为了延长网络的生存期,需要尽可能减少强度区域内所需传送的数据量,缓解这种漏斗现象。

Funneling-MAC 协议是一种用于漏斗区域面向汇聚节点的局部化MAC 协议,它基于纯 CSMA/CA 协议,这种 CSMA/CA 协议不仅在漏斗区域内采用,而且在整个网络中采用。与此同时,它在漏斗区域内采用一种局部的 TDMA 调度机制,向靠近汇聚节点的传感器节点提供附加的调度机会。因为漏斗区域内节点数据发送的 TDMA 调度是由汇聚节点而不是普通传感器节点完成的,所以称 Funneling-MAC 协议是面向汇聚节点的MAC 协议。由于只在靠近汇聚节点的漏斗区域内而不是整个网络中采用TDMA 协议,所以 Funneling-MAC 协议又被称为是一种局部化 MAC 协议。通过局部采用 TDMA 协议且将更多的控制功能交给汇聚节点,能够较好地解决无线传感器网络中采用 TDMA 的可扩展性问题。根据仿真结果,Funneling-MAC 协议能够有效地缓解漏斗现象,改善吞吐量、分组丢失和能量效率等方面的性能。更重要的是,它能够获得比其他代表性 MAC协议和其他混合 MAC 协议(如 B-MAC 协议和 Z-MAC 协议)更好的性能。

第4章 无线传感器网络的传输协议

无线传感器网络的传输协议是运行在传输层的网络协议,其主要作用是利用下层提供的服务向上层提供端到端可靠、透明的数据传输服务。因此,传输协议需要支持拥塞控制和差错控制等功能,以提高数据传输的可靠性和网络的服务质量。同时,传输协议的设计必须考虑网络的能量效率,以延长网络的生存时间。本章介绍无线传感器网络传输协议的特点和分类、设计目标和技术挑战,并在此基础上介绍一些典型的无线传感器网络传输协议。

4.1 概　述

许多无线传感器网络应用要求传感器网络必须具备可靠的端到端数据传输功能。例如,一些应用要求传感器网络能够将感知数据可靠、准确地传送到控制中心或用户;另一些应用要求管理员能够对传感器节点进行可靠的在线编程或任务布置。然而,在无线传感器网络中,无线信道数据包的丢失和时变特性、无线信道带宽的有限性以及感知数据在汇聚节点附近的汇聚特性等因素会造成网络的拥塞现象,可能导致感知数据的丢失。这不仅会影响数据传输的可靠性和网络的服务质量,而且会造成节点能量浪费,影响网络的生存时间。因此,拥塞控制和差错控制是无线传感器网络数据传输的两个主要问题。

虽然高效的 MAC 协议和路由协议能够在一定程度上缓解网络拥塞的发生,但仍然不够。为了提高数据传输的可靠性和网络的服务质量,需要采用有效的传输协议来进一步避免或减轻网络中的拥塞现象。

一方面,传感器节点在能量、计算、存储方面的限制,传统网络的传输协议无法直接应用于无线传感器网络,这是因为传统的传输协议主要以标准的传输控制协议(Transmission Control Protocol,TCP)为基础,其基于重传的端到端差错控制机制和基于窗口的拥塞控制机制会消耗较大的能量、计算和存储资源,且不具备较强的可扩展性和对网络拓扑变化的自适应能力。另一方面,无线传感器网络通常具有很强的应用相关性,不同的应用对传输的可靠性有不同的要求,这些要求对传输协议的设计会产生较大的影响。此外,无线传感器网络中不同方向上传输的数据对传输的可靠性要求也可能不同。例如,从传感器节点到汇聚节点方向上的数据流一般能够容忍一定的丢失,这主要是因为所传送的数据通常具有一定的相关性或冗余度。而在汇聚节点到传感器节点的方向,数据流包含的是发送给传感器节点的查询、指令或编程二进制数据,这些数据通常要求可靠、准确地传输。因此,必须针对无线传感器网络的特征以及各种应用的具体要求,设计适合无线传感器网络的高效传输协议,才能有效地解决网络中的拥塞控制和数据丢失问题,保证数据传输的可靠性和网络的服务质量。

4.1.1 无线传感器网络传输协议的特点

本节首先介绍传统传输协议的不足之处,然后结合无线传感器网络的特征,介绍无线传感器网络传输协议的特点。

1. 传统传输协议的特点

传统 IP 网络的传输协议包括用户数据报协议(User Datagram Protocol,UDP)和传输控制协议(Transmission Control Protocol,TCP)。UDP 采用无连接传输方式,不提供拥塞控制和差错控制功能;TCP 则利用基于重传的端到端差错控制机制和基于窗口的拥塞控制机制提供可靠的数据传输。虽然 TCP 在 Internet 上的应用非常成功,但它并不适用于无线传感器网络,主要原因如下:

(1)TCP 遵循的原则是:一切功能实现都由网络的端节点负责,即协议关注的是端到端功能,中间节点仅负责数据转发;而无线传感器网络的中间节点可能要根据应用的要求对数据进行相关处理,如丢包、编码、融合等。

(2)TCP 假设网络链路是可靠的,数据包的丢失是由于路由器缓存溢出或拥塞所引起;而无线传感器网络中的包丢失可能由于链路传输差错和碰撞等引起,并具有随机性。

(3)TCP 要求每个网络节点具有唯一的网络地址;而无线传感器网络一般都是大规模部署,且节点通常执行同一任务,并不需要分配类似 IP 的网络地址。

(4)TCP 连接的建立和释放采用握手机制,过程复杂,不适合能量有限和要求实时传输的无线传感器网络。

(5)TCP 采用基于数据包的可靠传输,即保证源节点发出的每个数据包都成功传输到目的节点;而无线传感器网络则是面向应用的,只要传输足够的数据即可完成任务。

(6)IP网络中的数据包一般较大,而无线传感器网络中的数据包相对较小,TCP中的确认反馈和端到端重传会造成较大的开销。

无线Ad Hoc网络是与无线传感器网络最类似的一种网络,但其传输协议也不适用于无线传感器网络,主要原因如下:

(1)无线传感器网络规模较大,一般大规模部署节点,其节点数可能达到无线Ad Hoc网络中的几十倍甚至几千倍。

(2)传感器节点的计算能力和能量存储有限,远小于无线Ad Hoc网络节点。

(3)无线Ad Hoc网络的任务是保证移动节点之间的互联,允许用户动态的移动、加入或离开,较多使用对等通信(Peer-to-peer Communication)方式;而无线传感器网络则以数据为中心,以感知数据及监测为主要任务,主要采用多对一的传输模式。

因此,传统有线网络和无线网络的传输协议都不适合无线传感器网络,无线传感器网络需要设计适合自身特征的传输协议。目前,关于无线传感器网络传输协议的研究仍处于起步阶段,大部分都针对网络拥塞和可靠传输问题。

2. 无线传感器网络传输协议的特点

与传统网络相比,无线传感器网络传输协议的设计必须考虑无线传感器网络自身的特征,具体表现为以下几方面的特点:

(1)节能优先

传感器节点的电池一般不可替换,能量耗尽则节点死亡,甚至会造成网络无法正常工作。为了使网络具有更长的生存时间,无线传感器网络的传输协议设计必须以减少能量消耗作为一个关键性的性能指标。

(2)多对一传输模式

传统通信网络一般采用端到端通信方式。无线传感器网络则是面向信息感知的,目的是将传感器节点采集或监测到的数据传送到汇聚节点。由于采用多对一的传输模式,会使得大量数据在汇聚节点附近聚集,容易造成拥塞。同时,突发事件导致的流量突发性也会造成局部和全网的拥塞。因此,传输协议设计需要考虑无线传感器网络的上行汇聚传输模式,进行拥塞控制和差错控制,以实现可靠传输。同时,无线传感器网络的下行传输通常由汇聚节点向网络分发控制指令或查询消息,需要确保控制指令或查询消息能够可靠地发送给所有节点。因此,传输协议也需要考虑这种下行传输模式,并保证其可靠性。

（3）以数据为中心

无线传感器网络是任务驱动的网络,用户通常不关心某个具体节点所产生的数据,而只对与任务相关的数据感兴趣。因此,传输协议可以不针对某个具体节点数据的传输,而只需保证可靠地完成整个任务相关的数据的传输。

（4）应用相关性强

无线传感器网络通常是针对某个具体的应用来设计和部署的,不同的应用对传感器网络有不同的要求,所采用的传感器节点类型、传输方式等都有较大差异。因此,在无线传感器网络传输协议设计中,需要针对不同应用的要求进行设计考虑。

4.1.2　无线传感器网络传输协议的分类

无线传感器网络的传输协议有多种分类方法,最常用的是根据功能划分为拥塞控制协议、可靠传输协议、拥塞控制和可靠传输混合协议三种。

1）拥塞控制协议:用于防止网络拥塞的产生,或缓解和消除网络中已经发生的拥塞现象。

根据采用的控制机制,拥塞控制协议可以进一步划分为面向拥塞避免的协议和面向拥塞消除的协议。前者通过速率分配或传输控制等方法来避免在局部或全网范围内出现数据流量超过网络负载能力而造成拥塞的局面;后者在网络发生拥塞后通过采用速率控制、丢包等方法来缓解拥塞,并进一步消除拥塞。根据上述控制方法,拥塞控制协议又可进一步划分为基于速率分配的拥塞避免协议、基于传输控制的拥塞避免协议、基于速率控制的拥塞控制协议、基于流量控制的拥塞控制协议和基于数据处理的拥塞控制协议。

2）可靠的传输协议:用于确保所述传感器数据可以以有序的、无损的和无差错的方式传输到汇聚节点,为用户提供可靠的数据传输的服务。

根据传输数据的单位,可靠传输可进一步划分为基于数据包的可靠传输、基于数据块的可靠传输和基于数据流的可靠传输。基于单个数据包的可靠传输针对单个数据包,能保证其传输的可靠性。基于数据块的可靠传输一般用于网络指令分发等需要传输大量数据的场合。周期性数据采样汇报则适合采用基于数据流的可靠传输协议。

可靠传输协议还可以划分为基于数据的可靠传输和基于任务的可靠传输。传统的网络一般只要求基于数据的可靠传输,如 TCP 保证所有数据包都成功传输到目的节点。但在无线传感器网络中,数据间存在大量的冗余和相关性,目的节点可以从部分数据中还原出事件的准确状态。因此,有些情况下,无线传感器网络的传输协议可以是基于任务的,它不需要保证所有数据传输成功,而只需要保证足以还原事件状态相关数据的成功传输即可。基于任务的可靠传输是无线传感器网络所特有的,也更具有应用针对性。

3)拥塞控制和可靠传输混合协议:同时支持拥塞控制和可靠传输两种功能。

4.2　无线传感器网络的传输协议设计

由于无线传感器网络的特征,无线传感器网络传输协议的设计目标以及设计中所面临的主要问题与传统无线网络的传输协议有较大区别。

4.2.1　设计目标

考虑到无线传感器网络资源受限、网络动态、应用多样、部署环境恶劣等特性,无线传感器网络传输协议的设计目标包括以下几个方面:

1. 能量效率

传感器节点通常能量有限,能耗直接决定了无线传感器网络的生存时间。因此,传输协议设计的主要目标之一是提高能量利用效率和最大化网络生命周期。因此,需要考虑在传输协议正常工作的前提下,尽可能减少控制开销,以降低能耗。

2. 传输可靠性

由于无线传感器网络是面向应用的,网络只需要收集到足够的数据就可以完成感知任务。因此,其传输可靠性包括两个方面:数据可靠性和任务可靠性。数据可靠性与传统网络相似,要求协议能够保证所有数据的成功传输;任务可靠性则不一定要求所有数据都能够成功传输,只需要保证任务完成的可靠性即可。

3. 可扩展性

对于不同的传感器网络应用,网络的规模大小会有较大不同,这要求传输协议具有较好的可扩展性,能够很好地适应网络规模的变化,为不同规模的网络提供良好的网络性能。

4. 自适应性

由于环境变化、节点能量和信道带宽限制、节点加入、退出或移动等因素的影响,无线传感器网络的拓扑结构会频繁发生变化,无线传感器网络传输协议应该能够快速地适应网络拓扑的动态变化。

5. 服务质量

传统的服务质量包括传输带宽、分组延时、丢包率等方面。无线传感器网络的各种应用对服务质量有不同的要求。例如,一些多媒体传感器网络应用要求较高的带宽来传输图像数据;一些实时监控应用对传输延迟非常敏感,要求网络能够保证数据的实时传输;还有一些应用对传输延迟要求可能不高,但对数据丢失非常敏感,不允许数据包丢失。因此,无线传感器网络必须满足各种应用的服务质量要求,传输协议应该根据应用要求确定其设计目标。例如,对于火灾警报应用,传输协议的设计应首先考虑降低传输延时,保证实时监测。此外,网络寿命也是无线传感器网络传输协议设计中需要考虑的重要方面。

6. 公平性

传感器节点通常随机部署在指定的地理区域,对环境或目标进行监测,并将监测到的数据传送给一个或多个汇聚节点。由于无线传感器网络的上行数据是多对一的传输模式,距离汇聚节点较远的传感器节点向汇聚节点传输数据的成功机会相对较少。因此,传输协议应该尽量公平地给各节点分配带宽,使得汇聚节点能够尽可能公平地收集到各传感器节点的数据。

除上述目标之外,传输协议还需要考虑跨层设计和计算存储能力等限制因素,以进一步提高传输协议的性能。

4.2.2 技术挑战

虽然无线传感器网络传输协议在设计方面已经取得了一些进展,但仍然存在以下一些问题有待进一步研究和解决。

1)由于传感器节点能量有限,传输协议的设计必须以节能为前提。同时,节点在存储能力方面的限制也要求传输协议能够减少对存储空间的需求。但为了提高传输的可靠性和网络的服务质量,需要实现拥塞控制和可靠传输等功能,这将引入大量的控制开销,增加网络的能量消耗和存储空间的需求。因此,如何在满足可靠传输和服务质量的情况下尽量降低能耗并减少使用的存储空间是一个技术挑战。

2)无线传感器网络的多对一传输模式,会导致在汇聚节点附近区域数据流量过大,造成局部或全网拥塞和能量消耗不均,如何通过传输协议有效地解决这一问题有待进一步研究。

3)不同的网络应用会要求传输协议在不同的性能要求之间寻求最佳的折中。例如,为避免拥塞,可以调整数据采集率,但这会降低采集数据的精度。如何在不同的性能要求中实现最佳的平衡是一个技术难点。

4.3　无线传感器网络的拥塞控制基本机制

拥塞是一种网络状态,当网络中传输的数据超过网络的负载能力时,网络性能将开始急剧下降,具体表现包括网络节点需要发送过多的数据、多个节点竞争信道的接入造成网络排队延迟快速增加、节点缓冲区溢出以及碰撞造成的分组丢弃剧增等。

拥塞控制是无线传感器网络服务质量保证的关键技术之一,拥塞控制的目标是避免拥塞或及时检测并缓解网络中出现的拥塞现象。拥塞控制的设计需要考虑以下几个方面:

1)能量有效性:拥塞控制的开销应尽量小,以节省能耗,同时避免因控制开销加剧拥塞的程度。

2)实时性:拥塞控制要能够及时地检测到网络的拥塞状况,并且能够在网络发生拥塞后短时间内缓解拥塞,避免拥塞的进一步加剧。

3)公平性:拥塞控制要能够保证所有需要发送数据的节点都有机会发送数据,保证传输的公平性。

4)面向应用:拥塞控制可以采取丢弃过时数据包或调整数据源汇报速率等方法实现。

这些方法的引入可能会一定程度上影响到完成感知任务的质量。拥塞控制的设计应该以满足应用的基本要求为前提。

拥塞控制可分为拥塞避免和拥塞消除两种机制。前者通过速率分配或传输控制等方法来避免在局部或全网范围内出现拥塞;后者在网络发生拥塞后通过采用速率控制、丢包等方法来缓解拥塞,并进一步消除拥塞。下面将分别介绍拥塞避免和拥塞消除机制的工作原理。

4.3.1 拥塞避免机制

拥塞避免可采用速率分配和传输控制两种方法来实现,其工作原理如下。

1. 速率分配

速率分配是指对网络中各节点的传输速率进行合理的分配和严格的限制,来避免拥塞的产生。速率分配要求网络中的节点能够很好地协调与合作。在理想情况下,合理控制各个节点的传输速率能够有效避免拥塞和丢包,提高网络的吞吐量、传输可靠性和其他服务质量指标。但是,考虑到网络拓扑、数据准确性、服务质量要求以及无线信道的共享特性等因素,很难实现全网最优的分布式速率分配。目前,关于无线传感器网络速率分配的研究还较少,且方法简单,主要都是基于一些简单的网络拓扑,如基于树型拓扑结构的 CCF 协议,基于直线拓扑结构的 Flush 协议。适合一般网状无线传感器网络拓扑结构的速率优化分配机制仍有待进一步研究。

2. 传输控制

传输控制是指节点根据一些网络参数(如节点缓存状态、网络拓扑信息等)决定是否转发数据或确定转发速率,以避免拥塞的发生。基于缓存状态的传输控制主要解决如何避免网络拥塞时的缓存溢出问题。采用这种控制机制,发送节点仅在接收节点的缓存有足够的剩余接收空间时才向其发送数据,避免了接收节点因缓存溢出而造成的丢包。但该机制仅考虑缓存占用情况,避免拥塞的效果比较有限,且需要多少缓存剩余空间才算"足够",此阈值较难确定。若阈值设置过大,会造成缓存利用率过低,吞吐量降低;若阈值设置过小,则可能发生拥塞。因此合理设置剩余空间的阈值是这种机制需要解决的关键问题。拥塞避免也可以基于拓扑信息进行传输控制。例如,根据上下游节点数量来确定转发速率,可以避免或缓解下游节点可能造成的拥塞。

4.3.2 拥塞消除机制

由于网络的动态性和应用的多样性等原因,完全避免拥塞是不现实的,传输协议需要解决的问题是如何在拥塞发生后消除拥塞。拥塞消除由拥塞检测、拥塞通知和拥塞缓解 3 个功能构成,各功能模块可以采用不同的机制来实现。

1. 拥塞检测

拥塞检测是拥塞消除的基础,只有准确地进行拥塞检测才能保证整个拥塞消除机制的性能。根据拥塞的不同情况,拥塞检测主要有以下几种检测方法。

(1)基于缓冲区占用率的检测

传感器节点检测自己缓冲区的占用情况。当数据包接收速率大于发送速率,缓冲区堆积到一定程度且超过某一阈值时,预测拥塞即将发生。这种方法实现简单,不需要任何控制开销,但仅仅依靠这种方式估计拥塞的发生并不准确。例如,当数据包重传达到最大次数后,节点将丢弃该数据包,此时缓冲区占用率可能下降,而信道的拥塞状况并未缓解。

(2)基于信道采样的检测

传感器节点周期性地进行信道采样(Channel Sampling),以监测信道占用程度,评估信道负载状况。若采样到信道长时间处于繁忙状态,则认为网络发生拥塞。这种方法会消耗额外的能量进行信道检测,需要解决如何在尽可能减小开销的情况下准确检测拥塞是否发生。

(3)基于包间隔和包服务时间的检测

传感器节点可以根据从相邻节点收到的数据包到达的时间间隔,以及数据包从到达缓存区到被发送出去的服务时间来判断是否发生拥塞。若到达时间间隔或服务时间过长则认为发生了拥塞。这种方法也不需要任何开销。

(4)基于丢包率的检测

传感器节点可以根据丢包的次数或频度判断网络是否发生拥塞。检测功能只在数据包被缓存或丢弃时触发。然而,拥塞并非丢包的唯一原因,因此这种检测方法也并不十分准确。

(5)基于负载强度的检测

负载强度是通过考虑节点,渠道竞争状态的流量负载计算的综合衡量,并且所有相邻节点的本地交通信息。当负载强度超过某个阈值时,可能会考虑拥塞。这种检测方法综合考虑了导致拥塞的几个因素,比单独使用缓冲区占用或信道采样等检测方法更合理,但实现起来比较复杂,需要更多的信息。

(6)基于数据逼真度的检测

通常由汇聚节点执行检测,通过检查收集到感知数据的准确度来判断是否拥塞。一般情况下,若准确度低于某个预定的阈值,则判断网络发生了拥塞。

上述几种拥塞检测方法各有优点和缺陷,都不能完全准确地反映网络是否拥塞以及拥塞的程度。现有的传输协议通常会采用几种检测方法相互配合来判断拥塞和拥塞程度,相比单一标准的拥塞检测更为合理。在不同的网络环境下,选择不同的检测方法组合会影响到拥塞检测性能。一些文献中对各种拥塞检测方法进行了性能分析,并提供了在不同通信模式下选择拥塞检测方法的建议。但网络状态的变化是一个连续的过程,究竟如何界定拥塞以及确定拥塞程度,仍然没有最优的方法。

2. 拥塞通知

当传感器节点检测到拥塞后,需要将拥塞状态通知给相关节点。拥塞通知可分为显式通知和隐式通知。显式通知直接以控制包的形式通知拥塞信息,隐式通知则用数据包捎带拥塞信息,并由相关节点侦听信道获得。拥塞通知又分为端到端通知和逐跳通知。

前者由汇聚节点负责反馈拥塞信息,后者由中间节点负责。这两种方法的实施,通常需要与所采用的拥塞检测方法配合使用。比如,基于数据逼真度的拥塞检测方法对应采用端到端的拥塞通知。

3. 拥塞缓解

拥塞缓解是拥塞消除的重要部分,其性能对拥塞消除的效果有很大影响。拥塞缓解可以采用以下几种主要机制。

(1)速率控制

速率控制是指通过调节源节点数据生成速率或中间节点转发速率来减轻拥塞,其可以被分为源节点速率控制和转发节点速率控制。前者可以通过开环反馈模式中目的节点接收到的数据,反馈到所有源节点的控制信息,以指示这些源节点如何调整传输速率;后者一般采用闭环反馈,逐跳调整,并且节点是基于相位的,节点根据邻居节点的拥塞通知调整转发速率。速率控制是最常见的拥塞缓解机制。当网络发生拥塞时,它指示该数据流量超过网络的负载能力。调整速率是最直接的方法,所以大多数传输协议使用速率控制机制。

(2)流量调度

流量调度是指通过迂回、转向或重定向来减少在拥塞区域中的数据流,以减轻拥塞。通常与多路径路由协议相结合时,路由协议可以预先确定备用路径或在拥塞发生后很快的生成备用路径。在网络的正常工作状态下,节点根据主路径的的路由来传输数据。拥堵发生后,该节点可以迅速启动备用路径,缓解主路径上的拥塞。这种机制要求节点维护更多的路由信息并且控制开销。路由通常需要在能量和拥塞之间进行权衡。

(3)数据处理

数据处理意味着传感器节点通过丢弃、压缩或融合数据来减少数据量。可能存在很多在无线传感器网络中的数据冗余和相关性,只要发送到宿节点的信息满足应用要求,该节点可以丢弃冗余数据或收敛满足用户需求并继续传输,是更有效的数据分组。这是一种独特的无线传感器网络拥塞控制方法。

4.4　无线传感器网络的可靠传输基本机制

在无线网络环境中,很多因素会造成数据包的丢失,如物理环境、网络拥塞、信号干扰、节点故障等,而丢包则会导致能量浪费、传输可靠性降低以及服务质量恶化。可靠传输的主要作用是解决传输过程中的数据包丢失问题,保证目的节点能够获得完整有效的数据信息(基于数据的可靠传输)或能够准确地还原出原始事件状态从而完成感知任务(基于任务的可靠传输)。为避免或减少丢包造成的影响,传输协议可以采用丢包恢复、冗余传输和速率控制等基本机制来实现可靠传输。

4.4.1　丢包恢复机制

在发生丢包的情况下,丢包恢复机制通过重传数据包来实现数据的可靠传输。它由丢包检测、丢包反馈和重传恢复等功能组成。各功能的工作机制如下。

1. 丢包检测和反馈

丢包检测和反馈可分为端到端检测反馈和逐跳检测反馈。前者由目的节点负责检测丢包并返回应答;后者需要中间节点逐跳检测并返回应答。丢包检测最常用的方法是通过应答(Acknowledgment)方式检测,即接收节点根据收包情况返回应答,发送节点根据应答判断是否需要重传。应答方式主要有以下 3 种。

(1)ACK 方式

接收节点每接收到一个数据包后返回一个 ACK 控制包。发送节点发送数据后维护一个定时器,在定时器超时前收到接收节点的 ACK 则认为该数据包成功传输,清除该包的缓存和定时;否则进行超时重传。对于每个数据包,接收节点都需要反馈一个 ACK,负载和能耗较大,因而不适合数据量较小或信道质量良好的情况。

（2）NACK（Negative ACK）方式

源节点在发送的数据包中添加序列号,缓存发送的数据包。目的节点通过检测数据包序号的连续性判断收包情况。若目的节点正确收到数据包,则不反馈任何确认信息;若检测到数据包丢失,则向源节点返回 NACK 包,并明确要求重发丢失的数据包。NACK 只需针对少量丢失的数据包反馈,相比 ACK 方式减小了负载和能量的消耗。缺点在于源节点必须缓存所有发送数据,且目的节点必须知道首包和末包的序列号。如果只有单个数据包传输或是首包和末包丢失,NACK 方式不能保证可靠传输。

（3）IACK（Immediate ACK）方式

发送数据包后缓存该包,侦听接收节点的数据传输,若侦听到接收节点已将该数据包转发给其下一跳节点,则认为传输成功并清除缓存。IACK 方式不需要控制开销,负载最小,但只能在单跳范围内使用,是一种逐跳检测反馈机制。此外,IACK 方式通常需要节点更多地侦听信道,以防漏听下一跳的转发确认;并且,IACK 方式不适合路径上最后一跳的传输确认,因为目的节点不需要继续向下转发数据。

2. 重传恢复

对应丢包检测和反馈,重传恢复也分为端到端重传和逐跳重传。重传恢复中需要解决的主要问题是最大重传次数。传统传输协议一般采用固定的最大重传次数,但也可根据链路状态等情况动态调整最大重传次数。端到端重传需要源节点存储发送的数据,丢包恢复时间较长;逐跳重传需要中间节点存储转发的数据,很多传输协议会同时采用两种重传机制。

4.4.2 冗余传输机制

一般的数据传输,发送节点只发送一次数据包,在丢包后再进行弥补。冗余传输则把弥补措施提前,发送节点多次发送同一数据包的备份,只要接收节点收到至少一个数据包即可。冗余传输也可以采用多路径方式,发送节点将数据包发送到多条路径上进行传输以提高传输可靠性。这主要是考虑不同路径和链路具有不同的丢失特性,且无线信道丢失具有一定的随机性。在无线传感器网络中,冗余传输可以通过多路径传输到同一个汇聚节点,也可以传输到不同的汇聚节点。它主要是利用路径的空间不相关性来提高端到端数据传送的成功率。一个数据包应该传送多少个冗余复制包，且每个复制包采用什么样的传输路径，需要根据应用的可靠性要求和网络的可用资源来联合决定。总体来说，冗余传输机制消耗的网络资源较多，并且存在传送成功率与复制数量之间的折中关系。

4.4.3　速率控制机制

丢包恢复和冗余传输都是用来保证数据包或数据块的端到端传输可靠性，速率控制则适用于基于任务的可靠传输。这种机制可以在保证任务完成的前提下，调节源节点的数据速率，避免或缓解拥塞以更好地实现可靠传输。因此，基于速率控制的可靠传输机制通常可以与拥塞控制机制联合设计和考虑。一般来说，在这种机制中，汇聚节点根据一个周期内成功接收数据包的数量计算网络的传输可靠度，同时也估测网络的拥塞程度。如果传输可靠度低于预定要求，则通知源节点调节发送速率以提高可靠度；否则，减小源节点发送速率，以降低网络拥塞，同时提高传输可靠度。速率控制的过程中，需要考虑应用的速率和数据精度要求，同时需要兼顾节能、传输延迟等其他网络性能。

4.5　无线传感器网络的典型传输协议

针对无线传感器网络的特征以及不同应用的要求，研究人员提出了各种不同的无线传感器网络传输协议。本节介绍其中的一些典型协议，具体包括拥塞控制协议、可靠传输协议以及拥塞控制和可靠传输混合协议。

4.5.1　拥塞控制协议

拥塞控制协议的作用是防止网络拥塞的产生或缓解和消除网络中已经发生的拥塞现象。拥塞控制协议可以采用不同的拥塞避免和拥塞消除机制来实现。下面介绍几种典型的无线传感器网络拥塞控制协议，包括基于速率分配的拥塞避免协议、基于传输控制的拥塞避免协议、基于速率控制的拥塞控制协议、基于流量控制的拥塞控制协议和基于数据处理的拥塞控制协议。

1. 基于速率分配的拥塞避免协议

（1）CCF 协议

CCF（Congestion Control and Fairness for Many-to-one Routing）协议是一种基于多对一树状传输结构自上而下分配速率的拥塞避免协议。为了实现这一目标，在树状结构上，CCF 协议确保所有子节点的发送速率总和不超过其父节点的发送速率，从而可以避免父节点的缓存溢出。在 CCF 协议中，每个节点估算自己的平均上行发送速率，并将该速率平均分配给自己下游子树（Downstream Subtree）上的节点。节点在自身的实际平均发送速率和父节点分配的发送速率两者之中选择较小的值作为实际发送速率，并将这一决定发送给自己的子节点供其调节速率。CCF 协议要求各节点间在传输时保持稳定的父子关系。

（2）Flush 协议

Flush 协议是一种适用于直线拓扑的拥塞避免协议。该协议的设计目标主要针对单信道无线多跳网络传输中可能导致拥塞的两个问题：相邻无线链路的传输干扰问题和节点间速率不匹配产生的缓存溢出问题。在Flush 协议中，每个节点只有在不干扰其他节点间通信，同时也不受其他节点通信干扰的情况下才允许发送数据，从而确保发送成功，并且一个节点的发送速率不得超过其前向路径上节点的发送速率。基于上述要求和直线型拓扑特性，每个节点可以在不发生传输碰撞的前提下，确定自己的最优数据发送间隔和发送速率，从而有效提升网络的吞吐量。Flush 协议方案简单，但应用范围有限，仅适合直线拓扑，并且网络中同一时间内只能有一个数据流。当网络中存在多个数据流时，会产生数据流之间的干扰问题和数据流之间的资源分配问题，这将使得干扰的避免和资源的分配问题复杂化。在这种情况下，Flush 协议将不再适用。

2. 基于传输控制的拥塞避免协议

（1）CALB 协议

CALB（Congestion-Avoidance scheme based on Lightweight Buffer Management）协议是一种基于轻量级节点缓存状态管理的拥塞避免协议。在CALB 协议中，节点发送数据时将自己剩余缓存空间信息捎带在数据包头中。因此，节点可通过监听相邻节点发送的数据包获知其剩余缓存空间。发送节点仅在接收节点缓存不满时才可以向其发送数据，以避免接收节点因缓存溢出造成丢包。但是，仅仅依赖"接收节点缓存是否已满"作为发送节点是否应该发送数据的单一标准是不够的。"缓存已经快满"说明拥塞正在发生,而且隐终端(Hidden Terminal)的存在也可能造成发送节点获知的接收节点缓存状态信息已经过时。因此,CALB 协议提出将节点发送数据包中携带的剩余缓存空间值设置为实际剩余空间的六分之一,从而较好地避免缓存溢出问题。

(2)CRA 协议

CRA 协议(Characteristic-Ratio-based Congestion Avoidance Algorithm)是一种结合多路径路由的拥塞避免协议。CRA 协议定义每个节点的下游节点数与其上游节点数的比值为该节点的特征比率。对于数据传输路径上的节点来说,其上游节点指传输路径上靠近源节点的那些相邻节点(即路径上的上一跳节点),而下游节点指传输路径上靠近目的节点的那些相邻节点(即路径上的下一跳节点)。根据特征比率的大小、自己及上下游节点的缓存队列长度等信息,来调节节点的数据发送速率,进而达到避免网络拥塞的目的。

3. 基于速率控制的拥塞控制协议

下面介绍 2 种典型的基于速率控制的拥塞控制协议:CODA 协议和 Fusion 协议。

(1)CODA 协议

CODA(拥塞检测和避免)协议是基于速率控制的拥塞控制协议。在 CODA 协议中,拥塞检测使用两种方法:信道采样和缓冲区占用率检测。拥塞通知使用开环拥塞消息背压和端到端反馈 ACK 通知。拥塞缓解使用本地分组丢失、转发速率控制和闭环多源速率控制机制。在数据传输过程中,接收节点会检测拥塞状态以及信道负载和本地缓冲区占用情况,以确定是否发生拥塞。如果节点检测到拥塞,它将逐跳发送拥塞指示给上游节点。接收到广播消息的节点根据本地策略进行拥塞缓解,如丢弃报文、根据 AIMD(Additive Increase/Multiplicative Decirease)机制调整发送窗口、根据本地网络的状态以决定是否继续转发后续报文。CODA 协议还使用闭环方法调整数据源速率,并且汇聚节点周期性地向整个网络反馈 ACK 消息。当源速率低于某个阈值时,源节点自动提高速率;当它超过一定的阈时,源节点需要根据 ACK 条件调整速率。如果源节点收到 ACK 消息,则源节点维持速率不变,否则降低速率。

(2)Fusion 协议

Fusion 协议是一种基于速率控制的逐跳式拥塞控制协议。该协议采用缓存占用率检测和信道采样联合判断是否发生拥塞。当缓存占用率或信道采样负载超过给定阈值时,使用隐式拥塞通告,即在数据包头中设置拥塞位为 1。拥塞缓解则采用转发速率控制的方法：①当节点监听到父节点的拥塞位为 1 时，停止转发数据；②通过令牌桶（Token Bucket）方式限制转发速率。每个传感器节点通过信道监听，估测通过其父节点转发的源节点的总数（记为 N）；每监听到父节点发送了 N 个数据包可获得一个令牌。当节点令牌大于 0 时才允许发送数据包，一个数据包消耗一个令牌。同时，为了让拥塞指示信息可以优先传输，Fusion 采用有优先级的 MAC 协议，即拥塞的节点优先访问无线媒体，以快速传播拥塞指示信息。当节点检测到拥塞时，其随机退避窗口设为非拥塞节点退避窗口的四分之一。

4. 基于流量控制的拥塞控制协议

下面介绍 3 种典型的基于流量控制的拥塞控制协议：ARC 协议、Siphon 协议和 BGR 协议。

（1）ARC 协议

ARC（Adaptive Resource Control）协议是一种基于自适应流量控制的拥塞控制协议。该协议通过引入冗余节点实现多路径分流，以缓解网络中发生的拥塞程度。为了节约能量，冗余节点采用休眠机制，根据周围节点的拥塞程度设置休眠时间，从而为多路径分流做好准备。每个数据包头中携带拥塞度参数，从路径上游向下游传输。在数据传输过程中，当网络中检测到拥塞时，拥塞等级低于一定阈值的第一个节点将发起多路径建立请求，并寻找第一个非拥塞节点执行上行流量分配。分流节点利用冗余节点，避开了拥塞区域周围建立的多跳路径。

拥塞感知路由（CAR）是一种类似于 ARC 协议的拥塞控制协议。不同之处在于，当拥塞发生时，低优先级数据流绕过其他拥塞区域，以确保传输高优先级数据流。CAR 协议适用于实时数据传输，高延迟数据流优先级高。

（2）Siphon 协议

Siphon 协议是一种基于分层网络结构的拥塞控制协议。该协议通过增加虚拟汇聚节点（sink 节点）进行分流。在网络中部署少量具有多模无线通信能力的传感器节点作为虚拟 sink 节点，每个虚拟 sink 节点使用基于 IEEE 802.11 的长距离无线通信方式与实际 sink 节点通信，而使用短距离无线通信方式与附近的传感器节点进行通信。因此，整个网络可以看成由两层网络组成：使用长距离无线通信方式的主网络（Primary Network）和使用短距离无线通信方式的次级网络。虚拟 sink 节点使用信道采样和缓存占用率检测拥塞，实际 sink 节点使用数据逼真度检测拥塞。在发生拥塞时，传感器节点将通过重定向方式（Redirection）把数据传输给附近的虚拟

sink 节点,虚拟 sink 节点启动长距离通信模块与实际 sink 节点进行通信转发,对网络流量进行分流。次级网络使用基于碰撞的归一化位差错率作为拥塞指示,并可与 CODA、Fusion 等协议结合使用进行拥塞控制。若主网络和次级网络部发生拥塞,CODA 或 Fusion 中的拥塞控制机制将被触发。Siphon 协议通过构建包含主网络和次级网络的双层网络,提供了更好的拥塞恢复能力,其不足之处在于需要增加额外的硬件设备,且虚拟 sink 节点的部署情况也会直接影响协议的性能。

(3)BGR 协议

BGR(Biased Geographical Routing)协议是一种结合地理信息和多路径路由的拥塞控制协议。该协议采用节点缓存占用率和信道采样进行拥塞检测,采用的拥塞缓解方法有网内包扩散和端到端包扩散。前者选择在拥塞节点附近直接分流,适合缓解短暂的拥塞;后者从数据源端就开始在指定方向范围内随机选择下一跳相邻节点进行分流转发,适合于缓解长时间的拥塞。该协议实现简单,但随机转发不能保证拥塞缓解的效果,甚至可能加重拥塞程度。

5. 基于数据处理的拥塞控制协议

下面介绍两种典型的基于数据处理的拥塞控制协议:CONCERT 协议和 PREI 协议。

(1)CONCERT 协议

CONCERT 协议是一种通过网内数据融合(In-network Data Aggregation)减少网络中传输的数据量来减轻拥塞的拥塞控制协议。CONCERT 协议采用节点缓存占用率和信道采样两种方法进行拥塞检测。数据融合节点根据汇聚节点规定的融合函数(最大/最小、平均数等)对数据进行融合,并尽可能保证监测数据的可信度,同时根据自己的拥塞程度调节数据融合度。为降低数据融合的时间开销,CONCERT 协议要求仅在预测可能发生拥塞的区域部署融合节点。对于难以预测是否将会发生拥塞的区域,可部署移动融合节点。

(2)PREI 协议

PREI 协议是一种基于数据处理的无线传感器网络拥塞控制协议。PREI 协议定义了可靠度指数(Reliability Index),其设计目标是最大化可靠度指数。PREI 协议将网络划分为多个互不交叠的网格,每个网格中有一个融合节点负责汇聚数据并计算这些数据的中位数(Median)。若某传感器节点的数据与中位数差异超过给定阈值,则融合节点去除该节点的数据并认为该节点异常;若一个网格内的正常节点超过半数,融合节点计算正常节点数据的平均值,并认为该融合结果是可靠的。相邻网格的数据可再次融合,以进一步减少传输的数据量。PREI 协议通过多级数据融合降低网络内部的数据量,从而能够有效降低网络发生拥塞的概率。然而,PREI 协议采用的融合模型比较简单,适用范围较窄。

以上介绍了一些典型的无线传感器网络拥塞控制协议,这些协议采用了不同的拥塞避免和拥塞消除(或缓解)方法,具有不同的拥塞控制性能,适用于不同的无线传感器网络应用。

4.5.2 可靠传输协议

可靠传输协议的作用是保证传感器数据能够有序、无丢失、无差错地传输到汇聚节点,向用户提供可靠的数据传输服务。可靠传输协议可以采用丢包恢复、冗余传输和速率控制等基本机制来实现。本小结分别介绍几种典型的可靠传输协议,包括基于数据包的可靠传输协议、基于数据块的可靠传输协议和基于数据流的可靠传输协议。一般来说,一个数据块可以切割为多个数据包,而一个数据流则是持续传输一段时间的数据。

1. 基于数据包的可靠传输协议

基于数据包的可靠传输协议通常采用基于重传的丢包恢复和多路径冗余传输等机制来实现。下面介绍 3 种典型协议。

(1)ReinForM 协议

ReinForM(Reliable Information Forwarding Using Multiple Paths)协议是一种利用多路径冗余传输来提高传输可靠性的传输协议。在 ReinForM协议中,源节点发送数据包之前,首先需要根据数据包的重要性确定预期的成功传送率,然后确定需要发送的数据包复制数量和下一跳节点。复制数量 P 可以根据本地估测的信道误码率、源节点到汇聚节点的跳数和预期的成功传送率计算得到。

(2)MMSPEED 协议

MMSPEED(Multi-path and Multi-Speed Routing)协议也是一个通过多路径冗余传输来提高传输可靠性的传输协议。在 MMSPEED 协议中,每个节点根据本地丢包率和跳数信息计算数据包可达概率。

(3)GRAB 协议

GRAB(Gradient Broadcast)协议是一种结合传输信用度和多路径冗余传输的数据发送协议。该协议要求由 sink 节点建立和维护网络所有节点的传输开销(Cost)梯度场。一个节点的传输开销值指单位长度的数据包从该节点传输到 sink 节点的最小能耗值。GRAB 允许一个数据包沿梯度降低的多条路径进行冗余传输。同时,为了限制单个复制端到端传输的能耗,源节点在每个发送数据包中设置了信用度(Credit),使得网络从源节点到汇聚节点传输一个数据包的能耗不应超过该信用度与源节点到汇聚节点的传输开销值之和(两者之和称为一个数据包在网络中传输消耗的总预算)。

2. 基于数据块的可靠传输协议

当网络中有大量数据包需要传输时(如需要在全网络范围内广播更新指令时),数据以数据块的形式传输。基于数据块的可靠传输可以使用 NACK 应答方式,NACK 包可以看成接收节点反馈给源节点的重传请求。若中间节点缓存区内有需要重传的数据包,可直接进行重传,避免从源节点进行多余的传输。在下面的协议描述中,下行通信是指由 sink 节点发起的,面向所有网络节点的数据广播通信,上行通信指从单个传感器节点到 sink 节点的单播通信。

(1)PSFQ 协议

PSFQ(Pump Slowly,Fetch Quickly)协议是一种面向下行通信的数据块可靠传输协议,适用于从汇聚节点向一组传感器节点或网络中所有节点传输数据的场合,并为其提供可靠的传输保证。该协议采用缓发快取的方式进行传输控制,主要由 Pump、Fetch 和 Report 这 3 种操作构成。Pump 操作是指汇聚节点给数据块中的数据段(这里说的数据段可以理解成为一个数据包,一个数据块可以分为多个数据段)分配序列号,并采用 MAC 层广播方式依次发送各数据段的操作。序号相邻的数据段的发送需要保持一定时间间隔,以保证每个数据段有一定的本地缓存时间以备重传。当其他节点接收到数据段后,若缓存中已有该数据段则直接丢弃;若属于按次序收到的新数据段,则延时一段时间后继续转发;若不是序号相邻的新数据段,则进行上行 Fetch 操作,即存储该数据段并向上游节点发送 NACK 包请求重传丢失的数据段,待收到所有丢失的数据段后再按顺序下行转发。Fetch 操作是指节点发现某数据段丢失后暂停数据转发,将多个可能的丢失数据段的序列号信息综合在一个 NACK 包中直接广播给相邻节点。若请求重传后,未收到所有丢失的数据段,则按较短的时间周期 T,继续多次本地广播 NACK 包。若仍失败,则将该请求向更远的上游方向节点传播,直到从这些节点(甚至汇聚节点)收到所有丢失的数据段。Report 操作是汇聚节点要求距离较远的节点逐跳汇报自己的地址和收包情况,节点的距离可根据收到的数据包中的值来判断。汇聚节点根据节点的汇报判断数据块的分发情况。PSFQ 协议需要较多的计时器,维护较为复杂。

(2)GARUDA 协议

GARUDA(传说中的一种鸟,这里用于代指协议名称)协议是一种面向下行通信的数据块可靠传输协议通过丢包恢复保障传输可靠性。汇聚节点(sink 节点)首先将一个数据块分解成多个数据包进行传输,并通过第一个数据包的传输在网络中选择核心节点,组成核心子网。这里,核心节点指距离 sink 节点跳数为 3 的倍数的节点,负责丢包重传。每个核心节点在所转发的数据包中添加 bitmap(也称为"位图")指示自己已正确收到了那些数据包。丢包恢复分为以下两种情况。

1)核心丢包恢复:下游核心节点收到上游核心节点转发的报文后,检查自己的位图。如果数据包的位图信息指示添加位图信息的上游核心节点具有其自己的丢失分组,则它向对应的上游核心节点发送 NACK 分组请求重传。

2)非核心节点丢包恢复:非核心节点侦听核心节点转发的位图信息后,只有在核心节点已经正确接收到某个数据的所有数据包后,才会向核心节点请求较大权重块通过。

通过将距离 sink 节点跳数为 3 的倍数的节点都选作为核心节点并负责到非核心节点的数据重传恢复,GARUDA 协议有效地克服了 NACK 的传输界限问题(即数据包恢复是分段恢复的,以 3 跳为一段),丢包恢复迅速。但 GARUDA 协议要求每个分组携带 bitmap 信息,也增加了一定的传输开销。

(3)RMST 协议

RMST(Reliable Multi-Segment Transport)协议是一种面向上行通信的数据块可靠传输协议。该协议对传统定向扩散路由(Directed Diffusion,DD)协议进行了改进,增加了用于反馈丢包信息的反向路径。在该协议中,源节点将传送给汇聚节点的数据块分解成多个数据包发送,传输层使用NACK 包进行端到端丢包恢复,并建议 MAC 层采用 ARQ 重传方式提高链路传输的可靠性。RMST 协议支持缓存和非缓存两种操作模式。在缓存模式下,汇聚节点和中间节点缓存数据段并周期性检查丢失数据段。若有丢失,则沿 DD 协议确认的反向加强路径(反向加强路径是 Directed Diffusion 协议的一个术语,指从多条反向路径中选择的加强路径)逐跳返回 NACK 包,请求重传。对于收到 NACK 包的中间节点来说,如果本地没有缓存相关丢失数据包,则继续向源节点转发 NACK 包,否则由当前节点负责重传丢失的数据包。在非缓存模式下,只有源节点和汇聚节点保存数据包,因此只有源节点负责接收 NACK 包并执行重传。

3. 基于数据流的可靠传输协议

为实现基于任务的可靠传输,汇聚节点只需要在特定时间内收到一定数量的数据即可。

因此,为确保一定数量的数据被汇聚节点成功接收,重传并非关键问题,可采用调整数据包产生速率或源节点的数量等方法来实现。

(1)ESRT 协议

ESRT(Event-to-Sink Reliable Transport)协议是一种基于数据流的可靠传输协议,主要针对以数据为中心的应用,通过自动配置网络实现可靠传输。ESRT 协议要求汇聚节点根据一个周期内成功接收到的数据包数量计算传输可靠度,通过调整源节点发送速率来调节网络状态。如果传输可靠度低于预定要求,则通知源节点调节发送速率以提高可靠度;否则,在不降低传输可靠度的同时减小源节点发送速率以节约能量。ESRT 协议支持拥塞控制,但不支持丢包恢复。它采用基于缓存占用情况的拥塞检测机制,若节点检测到拥塞则它可以在数据包中设置拥塞位以通知汇聚节点拥塞情况,汇聚节点将通知所有源节点调节其发送速率。ESRT 协议对随机和动态无线传感器网络具有很强的鲁棒性。但是,ESRT 协议要求汇聚节点的下行无线传输链路可以直接覆盖整个网络。同样的操作用于区分所有节点,并且拥塞控制由汇聚节点集中负责,响应延迟很长,这些缺陷会影响ESRT 协议的实际应用。

(2)GurGame 协议

GurGame 协议是一种通过控制数据源节点的数量实现可靠传输的传输协议。协议的名称来源于协议中采用的一个名为 GurGame 的数学优化算法。该协议假设网络中的汇聚节点要求在一个周期内收到至少 k 个数据包。在这种情况下,如果网络节点数 N 已知,则每个传感器节点以 k/N 的概率决定是否汇报数据;如果 N 未知,则基于 GurGame 算法确定节点的数据汇报概率。GurGame 算法的主要思想是假设不相关的投票人进行投票。投票有两个选项:是或否。裁判会根据投票结果对投票人进行惩罚或奖励,以调节其在下一轮投票中"是"和"否"的概率。

以上介绍了一些典型的无线传感器网络可靠传输协议,这些协议采用了不同的方法和机制来提高数据传输的可靠性,适用于不同的无线传感器网络应用。

4.5.3 拥塞控制和可靠传输混合协议

本节介绍同时支持拥塞控制和可靠传输功能的两种传输协议:传感器

传输控制协议（STCP）和基于速率控制的可靠传输（RCRT）协议。

（1）STCP

STCP（Sensor Transmission Control Protocol）是一种可支持多种类型数据流的分布式传输协议，可同时提供对拥塞控制和丢包恢复的支持。STCP针对不同数据流设计了不同的丢包恢复机制，并以缓存占用率为拥塞标志。当检测到本地缓存占用率超过阈值时，节点以一定概率设定转发数据包中的拥塞位，所有转发包的拥塞位均设为1。当收到拥塞通告后，汇聚节点会通知相关源节点重新选择路由或降低发送速率。与传统TCP类似，STCP执行过程中，要求源节点首先和汇聚节点建立会话（Session），并要求源节点和汇聚节点保持会话相关的状态和计时器信息。STCP既可以支持连续数据流，也可以支持事件驱动的数据流。

（2）RCRT协议

RCRT（Rate-Controlled Reliable Transport）协议是一种基于速率控制的可靠传输协议，适合数据量大、速率高且不允许丢包的应用，如图像采集、建筑物健康监控等。RCRT协议采用端到端丢包恢复策略，且所有功能都由汇聚节点集中实现。汇聚节点检查到丢包后，向源节点发送NACK包请求端到端的丢包恢复。RCRT协议以丢包恢复时间作为拥塞指标。

若丢包恢复能够在一个RTT（Round-Trip Time）时间内完成，则认为网络无拥塞；若恢复时间超过两RTT，则认为网络拥塞。汇聚节点使用AIMD（即加性递增乘性递减）策略调整所有流的速率总和，再根据不同的策略分配给各个源节点。RCRT协议支持多个相互干扰的数据流的并发传输，可满足高速率和低延迟应用的需求。但在有些情况下，距离汇聚节点较远的节点丢包恢复时间由于某些原因（如RTT估计不准确或机会性的路径传输延迟增加等）有可能超过一个RTT，因此可能会造成错误地启动拥塞缓解机制；且由汇聚节点执行拥塞检测，在中间节点上发生的拥塞可能无法快速及时发现，而拥塞缓解机制的滞后可能影响网络性能。

第 5 章 无线传感器网络的
时间同步技术

时间同步是实现无线传感器网络及其应用的关键技术之一。无线传感器网络的许多应用要求传感器节点实现不同程度的时间同步,以完成各种复杂的环境意识、信息获取和目标监测任务。由于无线传感器网络中能量、处理和存储的限制,以及体积和成本的限制,传统的时间同步技术无法适应无线传感器网络的要求。因此,需要研究适合无线传感器网络特点的时间同步技术。本章在分析无线传感器网络时间同步的必要性、特点和技术挑战的基础上,介绍一些典型的适用于无线传感器网络的时间同步方法与协议。

5.1 概 述

时间同步是实现无线传感器网络许多应用的基础。本节介绍无线传感器网络时间同步的必要性、特点和主要技术挑战。

5.1.1 无线传感器网络时间同步的必要性

无线传感器网络通常是分布式网络系统。网络中的每个传感器节点都有自己的本地时钟。由于不同节点的晶体振荡频率总会有一定的偏差,温度、湿度、电磁干扰等外部因素也会影响晶体振荡器的频率,导致节点本地时钟漂移。因此,像所有分布式系统一样,无线传感器网络的许多应用要求传感器节点之间具有不同程度的时间同步,以协作完成复杂的环境意识、信息获取或目标监测任务。尽管时间同步问题涉及很多因素,但无线传感器网络中时间同步的必要性主要体现在以下两个方面。

1. 协作需求

由于传感器节点在能量、处理和存储等方面的约束,其单个节点的能力通常受到很大限制。因此,一方面,在许多应用中,多个传感器节点需要彼此合作,以完成复杂的环保意识、信息收集或目标监视任务。另一方面,在一些应用中,整个系统所需的功能需要网络中的所有节点相互配合才能共同完成工作。因此,为了使得传感器节点能够有效地协同工作,需要实现不同节点间的时间同步。

例如,在目标跟踪系统中,多个传感器节点需要同时监测、记录目标在不同时间的位置,并将所监测到的数据传送给汇聚节点进行处理,以估算和确定目标的位置和移动速度。显然,如果各传感器节点不能实现统一的时间同步,就无法确定目标的准确位置。

2. 节能需求

由于传感器节点在能量方面高度受限,无线传感器网络需要采用各种有效的节能方法,以延长传感器节点以及整个网络的寿命。为此,一种简单、有效的方法就是通过关闭节点的传感器,并让节点的收发器进入节能模式,使传感器节点在适当的时候进入休眠状态,并在需要时再唤醒。这种方法要求不同传感器节点能够在时间上同步进入休眠或唤醒,从而在节能的同时不影响正常的数据接收和发送。为此,也需要传感器节点间实现严格的时间同步。

例如,在时分复用多址接入(TDMA)机制中,各传感器节点可以利用时隙的周期性轮转,在其他节点的工作时隙内进入休眠状态,以节省能耗,并在自己的时隙到来时,恢复正常工作状态。但是,这种调度机制必须建立在严格的时间同步基础之上。

时间同步已经在传统网络中得到了广泛的研究和应用。网络时间协议(NTP)和简单网络时间协议(SNTP)由特拉华大学 Mill 教授首次提出,已经以高准确性和可扩展性应用于互联网,具有坚固可靠等特点。全球定位系统(GPS)和无线测距技术已被用于提供网络的全球时间同步。但是,由于无线传感器网络的特点,传感器节点的成本不能太高,同时,节点的能耗必须尽可能地降低。然而,传统网络关注的能源、成本和体积等因素在时间同步机制却很少被纳入考虑范围。例如,NTP 主要用于互联网。这种网络的链路和拓扑相对稳定,便于时间同步。同时,在使用 NTP 时,参考服务器之间的同步不能通过网络本身实现,并且需要其他基础设施(如 GPS)的协助。在很多无线传感器网络应用中,由于节点成本和部署环境等因素,很难依赖这种外部基础设施。另外,NTP 需要通过节点间频繁的交互消息不断校准时钟频率漂移引起的误差,通过复杂的算法消除传输处理过程中不确定因素的干扰,而不管任何节点资源的限制。然而,一方面,无线传感器网络具有许多资源限制,例如,能量、计算、存储和通信。另一方面,尽管GPS 可以为网络中的所有节点提供高精度的全球时间参考,但每个节点都需要配置一个高成本接收器,这对于大多数无线传感器网络应用来说是不切实际的。而且,在建筑物、森林、水下等的环境中,GPS 的应用是非常有限的,因为在这种环境中,节点不在卫星的可见范围内,并且不能有效地获得 GPS 提供的时间参考服务。

因此,由于无线传感器网络的能量、成本和体积的限制和约束,传统的时间同步机制(如 NTP 和 GPS)不适用于无线传感器网络。需要研究和设计特殊的时间同步机制以满足无线传感器网络的需求。

5.1.2　无线传感器网络时间同步的特点

由于无线传感器网络自身的特征及其应用的多样性,无线传感器网络时间同步的需求与传统网络相比有较大的不同,其特点主要表现在以下几个方面:

1)能量效率。由于传感器节点的能量十分有限,无线传感器网络的时间同步机制必须尽量减少网络通信量,降低计算复杂度,以降低能量消耗;同时,也不可能像传统的时间同步机制那样采用额外的高能耗设备,如GPS 接收机等。

2)同步精度。无线传感器网络是与应用相关的,不同的应用对同步精度的要求可以不同,一些应用可以要求同步精确到秒级或微秒级,另一些应用可能只需知道消息到达的时间或先后顺序就够了。因此,时间同步机制应该能够根据不同应用的需求,提供不同的同步精度。

3)同步寿命。不同的无线传感器网络应用对于时间同步的维持时间有不同的要求,有的只需要瞬时或短期同步,有的则需要长期同步。因此,时间同步机制应该能够根据不同应用的需求,提供不同的同步时间。

4)同步范围。根据不同的应用,无线传感器网络时间同步的范围可以是一个局部区域内的部分节点,也可能需要覆盖整个网络范围内的所有节点。因此,时间同步机制应该能够根据不同应用的需求,覆盖不同的网络范围。

5)可扩展性。对于不同的无线传感器网络应用,节点部署的区域大小、节点数量、节点部署密度都可能不同甚至差别很大。因此,时间同步机制应该具有较好的可扩展性。

6)可靠性。由于传感器节点本身能量十分有限,常常又被部署在环境恶劣或敌对的区域,长期无人管理,很容易失效。同时,节点的失效或移动以及无线信道的通信质量不理想会造成网络的拓扑结构发生变化。在这些情况下,应该保证时间同步机制能够可靠、稳定地工作。

5.1.3 无线传感器网络时间同步的技术挑战

由于传感器节点在能量、处理、存储、体积和成本等方面的限制和约束,无线传感器网络的时间同步设计主要面临以下几个方面的技术挑战:

1)无线传感器网络通常规模大、节点数多,而且部署密集,节点之间的同步消息在传播时延上具有很大的不确定性,增加了实现时间同步的难度。

2)由于节点移动、能量耗尽以及周围环境因素的影响,无线传感器网络的拓扑结构变化频繁,难以预先确定节点获得基准时间的路径,也增加了实现时间同步的难度。

3)为了降低节点的能量消耗,无线传感器网络协议常常会使节点在大部分时间处于休眠状态,而节点在休眠状态时不能持续保持时间同步,唤醒后需要迅速与其他节点取得同步,这同样增加了实现同步的难度。

4)对于大规模传感器网络,同步基准时间的可靠传递对整个网络的全局时间同步精度会产生很大影响,这也是无线传感器网络时间同步必须解决的关键问题。

5.2 无线传感器网络的时间同步协议

无线传感器网络的时间同步问题近年来得到了比较深入的研究,已经提出了许多适用于无线传感器网络的时间同步协议。本节介绍其中一些典型的无线传感器网络时间同步协议,包括基本同步协议、多跳同步协议和长期同步协议。

5.2.1 基本同步协议

首先介绍2种在相邻节点本地时钟之间建立瞬时同步的方法,这些方法常常用来作为其他时间同步协议的基本构造模块。

1. 双向消息交换同步协议

双向消息交换(Two-Way Message Exchange)是一种传统的时间同步方法,它通过网络节点间的双向消息交换来实现节点间本地时钟的同步。

这种方法已被广泛应用于传统有线网络的同步协议(如 NTP)中,同时也被许多无线传感器网络时间同步协议作为基本构造模块,如传感器网络定时同步协议(Timing-Sync Protocol for Sensor Networks,TPSN)。

2. 参考广播同步协议

参考广播同步(Reference Broadcast Synchronization,RBS)协议是一种用于无线传感器网络的时间同步协议,其基本思想是利用无线信道的广播特性,由"第三方"参考节点广播时间同步消息,多个接收节点接收同一时间同步消息,然后通过比较各自接收到的时间同步消息的本地到达时间来实现相互之间的同步。RBS 协议的主要特点是它不像传统的时间同步协议那样使接收节点与发送节点进行同步,而是采用"接收者—接收者同步"的机制,通过"第三方"参考节点所发送的时间同步消息,使一组接收节点之间相互进行同步。

虽然这种接收者与接收者同步的思想曾经在其他具有广播特性的网络中已经提出过,但对于无线传感器网络来说,是一种新颖的应用。RBS 协议要求传感器网络的无线信道具有广播特性,对于无线传感器网络的绝大多数应用来说,这一要求都能得到满足。

在 RBS 协议中,参考节点周期性地向其相邻节点广播时间同步消息,所广播的同步消息中并不包含参考节点的时间戳信息,而是它的到达时间被所有接收节点当做本地时钟的参考基准。接收到这一消息的一组节点记录消息到达时各自的本地时间,然后相互交换本地时间信息,通过所交换的本地时间信息,计算出相互间的本地时钟偏差,并根据所计算的时间偏差值来修正各自的本地时间,从而实现相互之间的同步。由于无线信道的广播特性,所广播的时间同步消息对于所有接收节点来说都是同时发送到信道上的,这就消除了同步消息发送端的时间不确定性及其所造成的时间同步误差,从而可以获得比传统的双向消息交换同步协议更高的同步精度。由于发送端的不确定性对同步误差的影响被消除,传播时延和接收时间的不确定性成为误差的主要来源。RBS 协议并不关心同步消息到达每个节点的传播时延大小,而是关心这些传播时延之间的差值。在广播范围相对较小的情况下,可以假设时间同步消息在同一时刻达到所有接收节点,传播时延及其所造成的误差可以忽略,只需考虑接收时间的误差。

5.2.2　多跳同步协议

相对于无线传感器节点的无线发送范围,无线传感器网络覆盖的范围通常很广。网络汇聚节点所采集的数据可能由多个相距若干跳距离的传感器节点产生，要实现这些节点间的时间同步，需要采用多跳的时间同步协议。

1. 多跳 RSB 协议

RBS 协议能够实现一个参考节点单跳区域内所有相邻节点的时间同步。采用 RBS 协议，当一个参考节点广播一个同步脉冲时，会形成一个邻近区域，该区域内所有的节点能够接收到参考节点广播的同步脉冲。但在许多情况下，需要时间同步的节点不一定位于某个共同参考节点的覆盖区域内。为了实现同步，这些节点需要通过其他节点在不同的邻近区域之间传递时间消息。

2. 无线传感器定时同步协议

无线传感器定时同步协议（Timing-Sync Protocol for Sensor Networks, TSPN）是一种用于无线传感器网络全网范围同步的同步协议。TSPN 面向分层的网络拓扑结构，协议的工作过程分两个阶段：分层阶段和同步阶段。分层阶段的任务是建立分层的拓扑结构，将所有节点按照层次结构划分成若干层，每个节点被分配到分层结构的某一个层次，只有一个节点被分配到第 0 层，成为根节点。同步阶段的任务是实现全网范围的时间同步，将每个节点与上一层的节点进行同步，最终使所有节点与根节点取得同步。TSPN 分层阶段和同步阶段的工作过程描述如下：

（1）分层阶段

在分层阶段，首先需要确定根节点，这一节点通常可由作为无线传感器网络与外界接口的网关节点—汇聚节点（sink 节点）来充当。汇聚节点可以配置 GPS 接收器，从而能够使网络中所有节点同步到一个外部时钟上。如果网络中不存在这样的汇聚节点，则可以由各传感器节点周期性地轮流充当根节点。

根节点确定后，将被分配层次编号 0，成为第 0 层的节点或根节点，并通过广播"层发现（Level Discovery）消息"启动分层过程。该消息包含发送节点的标识符和层次编号。根节点的直接邻居节点收到此消息后，将自己的层次编号设置为 1，即成为第 1 层的节点。然后，第 1 层的每一个节点广播一个包含其标识符和层次编号的新"层发现消息"。然而，如果一个节点已经被分配了层次，它将直接丢弃所有新收到的"层发现消息"而不进行任何处理。这一过程持续执行下去，直到网络中所有节点都被分配一个相应的层次。

（2）同步阶段

分层拓扑结构建立后，根节点通过广播"时间同步（Time_Sync）消息"启动同步阶段。第 1 层的节点收到该消息后，将启动前面介绍的双向消息交换协议与根节点进行同步。

在启动双向消息交换之前，各节点会随机等待一段时间，以避免信道接入时发生碰撞。一旦收到根节点的应答消息，它们将调整各自的本地时钟与根节点取得同步。在第 1 层的节点与根节点进行同步时，第 2 层的节点能够侦听到它们之间的消息交换。因此，它们也将随机等待一段时间后，启动与第 1 层相应节点的双向消息交换过程。等待一段时间的目的是为了确保第一层节点完成与根节点的同步。这一过程持续进行，最终能使所有节点与根节点取得同步。为了提高两个节点间的同步精度，各节点在 MAC 层消息开始发送到无线信道的时刻，才给同步消息加上发送时间戳，以消除因共享无线媒体的随机退避访问机制可能造成的时间同步误差。

TSPN 类似于传统通信网络的 NTP，采用的是"发送者—接收者同步"机制。在 NTP 中，各计算机同时作为分层结构中低一级计算机的服务器和高一级计算机的用户。两者最主要的差别在于 NTP 利用了 Internet 中的基础设施，而无线传感器网络中并无相应的基础设施，TSPN 需要在进行时间同步前建立一个虚拟的分层结构。

TPSN 能够实现全网范围内节点间的时间同步，同步的误差与节点距离根节点的跳数成正比增加。它能够实现短期的全网节点同步，如果需要实现长期同步，则需要周期性运行 TPSN 进行再同步，两次时间同步之间的间隔根据具体应用的要求确定。

3. 基于树的轻量级时间同步协议

基于树的轻量级同步（Lightweight Tree-based Synchronization，LTS）协议是一种多跳时间同步方法。与其他同步方法不同，LTS 协议的设计目标不是最大化同步精度，而是在给定同步精度的条件下最小化同步的复杂度。由于许多无线传感器网络应用对时间同步精度的要求并不高，很多在秒级范围内，因此采用轻量级时间同步协议就足以满足这些应用的同步要求。但是，这种情况并不适合所有传感器网络应用，也有一些传感器网络应用对时间同步的精度要求很高，如测量声音传播时间、分配 TDMA 调度等。对于这些应用，LTS 协议是无法满足其同步精度要求的。

LTS 协议有两种形式：集中式 LTS 协议和分布式 LTS 协议。两种协议均建立在单跳节点同步的基础上，要求节点与网络中的一些参考节点（如汇聚节点）保持同步。集中式同步协议是单跳节点同步方法的简单线性扩展,它需要在网络中首先构建一棵低深度的生成树(Spanning Tree),然后沿着生成树的$(n-1)$条边进行单跳节点同步。在同步过程中,以树的根节点作为参考节点,与其子节点进行同步。然后,每个子节点再与各自的子节点进行同步。这一过程持续进行,直到树上的所有叶子节点获得同步。在集中式同步协议中,生成树的根是参考节点,在需要时负责启动"再同步"过程。如果节点的时钟漂移受到限定且给定同步精度要求,参考节点能够计算出单次同步的有效时间。由于生成树的深度会影响整个网络的同步时间和叶子节点的同步精度误差,需要将其传给根节点,使根节点可以利用此信息来确定再同步的时间。再同步的时间间隔取决于节点所期望的同步精度、网络瞬时同步的精度(或生成树的深度)以及节点的时钟漂移。由于集中式同步协议在每次同步时都会构建新的生成树,它对于信道动态变化、节点失效、节点移动等具有较高的鲁棒性。

分布式同步协议以分布方式实现全网范围的同步。在同步过程中,每个节点决定自己同步或再同步的时间,不需要使用生成树结构。当节点 t 决定需要同步时,它将向其最近的参考节点发送一个同步请求消息。为了实现与参考节点的同步,节点 z 到参考节点路径上的所有节点必须在节点 L 同步之前先进行同步。节点的同步时间或再同步的时间间隔取决于节点期望的同步精度、节点与参考节点之间的距离以及节点的时钟漂移。由于节点能够自己决定是否需要再同步,从而节省了不必要的同步开销。另一方面,由每个节点自己决定是否进行再同步会增加单跳同步的数目。因为对于每一个同步请求,沿请求节点到参考节点路径上的所有节点都需要进行同步。随着同步请求数目的增加,这些路径上进行的所有同步会浪费大量的网络资源。为了解决这一问题,分布式同步协议引入了"合并同步请求"和"路径多元化"的方法。采用"合并同步请求"方法,当一个节点需要请求同步时,它首先向其相邻节点查询是否存在未决请求(Pending Request)。如果存在,则将该节点的同步请求与这些未决请求合并,从而减少同一条路径上两个独立同步请求可能造成的低效率。采用"路径多元化"的方法,当一个节点向最近的参考节点发送同步请求消息时,它将选择一条合适的路径,使得在一定的时间内有更多的其他节点被动地进行同步。例如,节点 A 和节点 B 距离参考节点比较近,两者具有相同的同步间隔。如果其他节点更多地选择节点 A 向参考节点转发同步请求消息,则节点 A 可以较为频繁地被动进行再同步,从而不需要自己发送同步请求。相反,节点 B 则由于被动同步的机会较少而需要自己发送同步请求。如果每个节点都能确定自己下一次发送再同步请求的时间,则节点在转发再同步请求时应该选择最小的邻居节点作为下一跳节点。

LTS 协议能够为低成本、低复杂度的无线传感器网络提供最小化能量开销的时间同步,同时具备一定的鲁棒性,在节点失效、信道动态变化和节点移动的情况下,该协议仍然能够保持网络的正常同步。相对而言,在大部分节点需要进行时间同步的情况下,集中式 LTS 协议更为有效。而在只有少数节点需要同步的情况下,分布式 LTS 协议具有更高的同步效率。

5.2.3　长期同步协议

许多时间同步协议能够提供不同节点时钟之间的瞬时时间同步。然而,这种瞬时同步可能由于时钟的漂移会很快中断。为了能够获得长期的时间同步,最直接的方法就是周期性地运行瞬时时间同步协议。此外,研究人员也设计出一些更有效的、能够实现长期同步的自适应同步协议。

1. Post-Facto 同步协议

Post-Facto 协议是针对无线传感器网络提出的一种具有开创性的时间同步协议,其基本思想是让各传感器节点的本地时钟在正常情况下处于非同步状态运行,只有当需要时才进行同步。采用 Post-Facto 同步协议,各节点的时钟在正常情况下均处于非同步状态,按照自己的频率独立运行。当外界事件发生时,其周围的传感器节点将被触发,每个节点将根据自己的本地时钟记录事件发生的时间,其中最靠近事件发生或最早监测到事件发生的节点将广播一个同步脉冲给在其范围内的所有节点,收到同步脉冲的节点将以发送节点时间作为一个即时的时间参考,再根据这一时间参考来调整各自的本地时钟,从而实现与发送节点之间的时间同步。相比较而言,传统的同步协议则在事件发生前对节点的时钟进行同步,并尽可能保持时钟的同步。因此,Post-Facto 同步协议又被称为被动性同步协议,而传统的协议被称为主动性同步协议。然而,由于同步脉冲传播距离受到限制,这种同步方法不能适用于需要在大覆盖范围内同步的情况。需要说明的是,这种同步协议并不是严格意义上的长期同步协议。

2. 时间传播协议

时间传播协议(Time-Diffusion Protocol,TDP)是一种全网范围的时间同步协议,它能够在整个网络范围内维持时间同步,且只允许很小的偏移或误差,所允许的偏移或误差可以根据具体的应用来设置或调整。

为了实现长期同步,TDP 定义了活动和非活动两个阶段。在活动阶段,每隔 T 秒,部分节点被选举作为主节点(Master Node),并向它们的邻居节点广播定时消息。接收到定时消息的节点可以自己确定是否成为传播主节点(Diffused Leader Node)。传播主节点将每隔 6 s 向其邻居节点广播定时消息,传播主节点的邻居也可以成为新的传播主节点,并向距离当前主节点更远的范围广播定时消息。这样,网络中就临时形成一些树状的结构,用来传播主节点的定时消息。在非活动阶段,节点不广播任何定时消息。

3. 速率自适应时间同步协议

速率自适应同步(Rate Adaptive Time Synchronization,RATS)协议是一种高能效的长期同步协议,它能够自适应时钟漂移的变化,并获得相应网络应用要求的同步精度。

RATS 协议通过一个动态的同步控制过程来实现不同节点时钟之间的同步。在这一同步控制过程中,取样器负责对节点的本地时钟进行取样或采集,样本库用于存储一个节点采集到的关于另一个节点本地时钟的样本同步数据。模型估算单元以样本数据作为输入,对两个时钟之间的相对漂移或相对偏移等参数进行估算。所获得的估算值通过误差估算单元与具体应用的误差要求进行比较,在此基础上产生新的取样周期。此外,通过对长期经验测量数据的详细分析,为最佳窗口大小等协议参数的选择提供依据。

第6章 无线传感器网络的拓扑控制技术

拓扑控制(Topology Control)是无线传感器网络的关键技术之一。一种有效和优化的网络拓扑结构可有效地降低传感器节点的能量消耗,延长网络的寿命,提高整个网络的传输效率和性能,并是提供数据融合、时间同步以及目标定位的必要基础。由于无线传感器网络具有规模大、自组织、部署随机、环境复杂、节点资源有限、拓扑变化频繁等特点,与传统的无线自组织网络相比,无线传感器网络需要更高效的拓扑控制机制来优化网络。拓扑结构节省了传感器节点的能量并提高了网络的整体性能。本章介绍无线传感器网络拓扑控制的概念、必要性、技术挑战以及主要的拓扑控制技术。

6.1 概　述

拓扑控制是无线传感器网络设计的一个重要方面。本节介绍无线传感器网络拓扑控制的基本概念、必要性和主要技术挑战。

6.1.1 无线传感器网络拓扑控制的概念

网络拓扑是指由传输介质互连形成的网络节点的物理连接结构。在传统的无线自组织网络中,拓扑控制是指通过一定的控制机制将一组节点自适应地分组为一个连接的网络。作为一种特殊的无线 Ad Hoc 网络,无线传感器网络也需要有效的拓扑控制。然而,与传统的无线自组网相比,无线传感器网络具有规模大、环境复杂、节点资源有限、拓扑结构变化频繁等特点,这些特性使无线传感器网络需要更高效的拓扑控制机制来优化网络拓扑,以达到节省传感器节点的能量、延长网络的使用寿命和提高整个网络性能的效果。

无线传感器网络拓扑控制研究的主要问题是在保证网络覆盖和连通性的前提下,有效合理地设置或调整节点的发射功率,并根据一定的原则选择合适的节点来处理和传输网络数据,优化网络的拓扑结构。无线传感器网络拓扑控制的主要目标是降低传感器节点的能耗,延长网络的寿命,并考虑通信干扰、负载平衡、传输效率、简单性、可靠性和可扩展性等其他性能。而且,无线传感器网络依赖于应用程序。不同的网络应用对网络拓扑控制也有不同的要求。因此,在无线传感器网络的拓扑控制设计中,还必须考虑不同网络应用对网络拓扑的要求。

6.1.2　无线传感器网络拓扑控制的必要性

拓扑控制对于无线传感器网络的性能具有十分重要的影响。高效的拓扑控制机制能够提供优化的网络拓扑结构,从而有效地降低传感器节点的能量消耗,延长网络的生存时间,同时提高网络的整体性能,具体表现在以下几个主要方面。

1. 提高网络能量效率

传感器节点通常采用电池供电,能量十分有限,节点的能量消耗是整个网络设计时需要考虑的主要因素之一。拓扑控制通过合理设置或调整节点的发射功率、调度节点的休眠状态,尽可能均衡各节点的通信负载,能够有效地降低节点的能量消耗,显著延长网络的生存时间。

2. 提高网络通信效率

传感器节点的部署密度通常较大,节点的传输功率会对节点间的通信干扰和网络通信效率产生很大的影响。如果发送功率过大,在节点之间的干扰就会过强,这就增加了通信的误码率,从而降低了通信的效率并增加了节点的能量消耗。如果发送功率太小,网络的连通性和所述网络的正常运行不能保证。拓扑控制可以有效地降低节点通信的干扰并通过适当地设定或调整节点的发射功率以提高网络通信效率。

3. 提高路由协议效率

路由协议必须了解网络的拓扑结构才能为传感器节点确定高效的路径,向汇聚节点传送数据。在无线传感器网络中,网络的拓扑结构会因为传感器节点的死亡、失效、移动或加入等原因而频繁地发生变化,且只有处于活动状态的节点才能够进行数据的发送或转发。因此,网络的拓扑结构会对路由协议的性能产生很大的影响。拓扑控制能够根据网络中节点的状况,合理地调整节点之间的连接关系,从而有效地提高路由协议的效率。

4. 提高数据融合效率

在无线传感器网络中,为了减小网络中的通信负载以提高网络的能量效率,通常选择一些特定节点对其周围节点的数据先进行融合处理,然后再进行转发,这些特定节点的选择会对数据融合的效率产生较大的影响。拓扑控制能够根据网络中节点的状况,合理地选择特定的节点进行数据融合,从而有效地提高数据融合的效率。

5. 提高网络可扩展性

无线传感器网络通常需要部署大量传感器节点,节点数越多,集中式控制方式往往会因为网络中通信负载太大和响应时间太长而无法应用,不适合大规模部署的网络。采用拓扑控制,可以建立基于分簇的层次拓扑结构,有利于分布式控制的应用,能够有效地提高网络的可扩展性,适合大规模部署的网络。

6. 确保网络可靠性

在无线传感器网络中,传感器节点的死亡、失效、移动或新节点的加入等原因都会使得网络的拓扑结构频繁地发生变化,甚至影响网络的连通性和覆盖度。高效的拓扑控制能够在网络拓扑结构发生变化的情况下,尽可能保证网络的连通性和要求的覆盖度等可靠性指标,确保网络的正常工作。

6.1.3　无线传感器网络拓扑控制的技术挑战

无线传感器网络拓扑控制的设计目标是在保证一定的网络覆盖和连通性的前提下,建立优化的网络拓扑结构,尽可能地节省传感器节点的能量、延长网络寿命、提高网络传输效率、可靠性、可扩展性和其他性能,并满足各种应用的不同要求。

为了实现上述设计目标,无线传感器网络必须采用高效的拓扑控制机制。这些拓扑控制机制主要分为两类:基于功率控制的拓扑控制和基于分层结构的拓扑控制。基于功率控制机制,通过调整网络中每个节点的传输功率,在网络覆盖和连通性条件下,可以均衡相邻节点(或直接邻居)的数量,减少节点数量互通干扰。分层控制机制采用聚类方法,按照一定的原则选择网络中的一些节点作为簇头,这些簇头形成一个连通的网络,在网络中处理和传输数据。

目前,无线传感器网络的拓扑控制研究已经取得了一定的进展,提出了一些拓扑控制算法。这些算法为实现无线传感器网络的拓扑控制提供了可行的途径,但基本还处于理论研究阶段,离实际应用还有一定距离,仍然有一些难点需要解决,主要体现在以下几个方面:

1)无线传感器网络通常是大规模的,这就需要拓扑控制算法具有较快的收敛速度,否则就不能保证网络的性能。

2)死亡、故障的传感器节点或添加新节点的运动将导致网络的拓扑结构连续地改变。这就要求拓扑控制算法具有很强的自适应性和在可变化的条件下保证网络的服务质量。

3)传感器节点能量有限,这就要求拓扑控制算法不能太复杂,造成的通信开销不能太大,否则会增加拓扑控制带来的能耗。

6.2 基于功率控制的拓扑控制机制

基于功率控制的拓扑控制机制通过合理设置或调整传感器节点的发射功率来控制网络拓扑结构。在保证网络连通性和覆盖范围的前提下,尽可能减少节点的能耗,延长网络的生存时间。本节介绍几种典型的功率控制算法,包括基于节点度的功率控制算法和基于邻近图的功率控制算法。

6.2.1 基于节点度的功率控制算法

节点的程度是离节点一跳的所有相邻节点的数量。基于节点的功率控制算法的基本思想是定义节点度的上限和下限,通过动态调整节点的发射功率,节点的程度在给定的上限和下限之内。这种算法可以在节点之间的联系具有一定的冗余性和可扩展性的前提下,保证网络的连通性。下面介绍两种典型的基于节点度的功率控制算法,它们是本地平均算法(LMA)和本地平均相邻(LMN)算法。

1. LMA

LMA 假定每个节点都有唯一的标识符(ID)并周期性地调整节点的发送功率。具体步骤如下:

1)在初始阶段,所有节点具有相同的发射功率。每个节点周期性地广播包含其 ID 的 LifeMsg 消息。

2)如果一个节点收到 LifeMsg 消息,它发送一个回复消息 LifeAckMsg,其中包含它自己的标识 ID。

3)每个节点在下次广播 LifeMsg 消息之前检查已经接收到的 LifeAckMsg 响应消息的数量,并将该数字用作其邻居节点号码 N。

4)如果节点的 N 是大于相邻节点的数量的上限值时,该节点将减少其发射功率,但是发射功率不能小于初始发射功率。

2. LMN 算法

LMN 算法与 LMA 基本相同。唯一的区别是,计算相邻节点数量的方法是不同的。在 LMN 算法中,每个节点发送的 LifeAckMsg 响应消息不仅包含自己的标识(ID)信息,还包含自己的邻居节点的信息。所述节点接收的所有相邻节点的被困 LifeAckMsg 响应消息中,包含在这些响应消息的相邻节点的数量的平均值后,即相邻节点数量的平均值被作为它的相邻节点数。

这两种算法不需要传感器节点高的硬件要求,不要求严格的时间同步,并且只需要本地少量的网络信息,所以实现是比较容易的。实验仿真结果表明算法的收敛性和网络的连通性可以得到保证。

6.2.2　基于邻近图的功率控制算法

基于邻近图的功率控制算法的基本思想是,首先把所有节点处于最大发射功率状态下所形成的网络拓扑作为图 G,然后按照一定的相邻判别条件求出该图的邻近图 G′,最后邻近图 G′ 中的每个节点根据与自己相距最远的相邻节点之间的距离来确定其发射功率。在有些情况下,无线传感器网络中两个相邻节点之间的传输链路可能是单向的;然而,由于存在无线链路丢失,很多无线网络 MAC 层的协议需要采用 DATA/ACK 的机制来确保链路级的可靠传输,这就要求收发节点间的链路必须是双向。为了避免出现单向边,在根据基于邻近图的算法得到图 G′ 以后,还需进行必要的边的增加或删减,以确保最终得到的网络拓扑图上的边都是双向的。

基于邻近图的功率控制算法能够使网络中的每个节点确定自己的相邻集合,合理调整节点的发射功率,可以在建立起一个连通网络的同时,尽可能降低网络的能量消耗。目前,无线传感器网络中基于邻近图理论的拓扑控制算法并不多,下面介绍两个比较具有代表性的基于邻近图的拓扑控制算法:DRNG 算法和 DLMST 算法。这两种算法均以经典的邻近图(Relative Neighborhood Graph,RNG)和局部最小生成树(Local Minimum Spanning Tree,LMST)为理论基础,全面考虑了连通性和双向连通性问题,提出了网络中节点发射功率不一致时的拓扑控制解决方法。

6.3　基于层次结构的拓扑控制机制

　　基于层次结构的拓扑控制机制通过对传感器节点进行分簇来控制网络拓扑、构建分层的拓扑结构。在这种分层结构中,传感器节点被分为簇头节点和簇成员节点。簇头节点负责簇成员节点工作的协调和数据的接收,并对所接收的数据进行融合处理后再转发,以减少网络中所传输的数据量、降低节点的能量消耗。同时,簇成员节点可以在没有数据发送的情况进入休眠状态,以进一步降低能量消耗。这种拓扑控制机制采用一定的分簇算法选取簇头节点并构建分层拓扑结构。由于簇头节点会消耗更多的能量,分簇算法需要通过周期性地选取簇头节点来均衡网络中节点的能量消耗。因此,分簇算法是实现基于层次结构的拓扑控制的关键技术。

6.3.1　自适应分簇算法

　　本小节介绍两种典型的自适应分簇算法:GAF(Geographical Adaptive Fidelity)算法和 LEACH(Low Energy Adaptive Clustering Hierarchy)算法。

1. GAF 算法

　　GAF 算法是一种基于地理位置的自适应分簇算法,用于密集配置无线传感器网络节点。该算法根据节点的地理位置信息和节点的无线传输半径将网络部署区划分为虚拟小区,每个节点根据其位置信息被分成相应的单元。在每个虚拟小区中,周期性地选择并维护节点作为簇头,并且代表该小区将数据转发到相邻小区;并且只有簇头节点处于工作状态,其他节点全部进入睡眠状态。每个单元中的任何节点都可以被选为簇头节点。

　　在 GAF 算法中,每个节点可以处于 3 种不同的状态:发现、休眠和活动。在网络的初始状态下,所有节点都处于发现状态。在这种状态下,每个节点通过交换发现消息来获得同一虚拟小区中其他节点的信息。发现消息包含诸如节点标识符、节点状态、虚拟小区标识符和节点活动时间之类的信息。当节点进入发现状态时,启动发现状态计时器并设置计时器值。一旦计时器到期,节点将进入活动状态,将发现消息广播到单元中的其他节点,将自身声明为活动状态,并成为簇头节点。如果节点在计时器超时之前接收到来自同一单元中的另一个节点成为簇头语句,则取消该计时并关闭无线发射器模块,进入休眠状态。

当节点进入活动状态时,启动活动状态计时器并将节点的活动时间设置为计时器值。当节点处于活动状态时,它将周期性地广播发现消息来抑制处于发现状态的其他节点进入活动状态。一旦计时器到期,节点将进入发现状态。当节点进入睡眠状态时,它也会启动一个睡眠状态计时器并设置一个计时器值。一旦计时器到期,节点进入发现状态。

GAF算法通常分为两个阶段:虚拟小区划分阶段和虚拟单元格簇头选择阶段。在虚拟小区划分阶段,算法根据每个节点的位置信息和通信半径将网络区域划分为若干个虚拟小区,保证相邻小区中任意两个节点之间可以直接通信。如果节点知道网络区域的位置信息和它自己的位置信息,则可以计算出它属于哪个单元。

在虚拟单元格簇头选择阶段,各节点初始时都处于发现状态,通过彼此发送包含自身标识ID和位置信息的Discovery消息,同一单元格内的所有节点都可以知道对方的信息。然后,各节点按照以上所述的状态转换规律在活动、休眠和发现状态之间转换。从休眠状态唤醒后,各节点将与本单元格内的其他节点进行信息交换,以确定自己是否需要成为簇头节点。

GAF算法是无线传感器网络领域中的一种拓扑控制算法,它利用节点休眠机制来尽可能降低能耗。它使用基于虚拟单元的聚类方法和用于节点状态转换的负载平衡机制。在这种负载均衡机制中,簇头节点在本轮消耗的能量越大,下一轮竞争中继续成为簇头节点的概率越小,节点可以有效地减少和平衡,显著延长民用网络的生存时间。然而,GAF算法没有考虑实际网络中节点的邻居之间的直接通信,并且节点之间的直接通信不是等价的问题。同时,GAF算法要求节点能够知道自己准确的位置信息,节点位置信息的获取是无线传感器网络中需要进一步解决的问题。

2. LEACH 算法

LEACH算法是一种低能量的自适应聚类算法。该算法根据接收信号的强度在网络中形成一个相邻节点的簇,并选择簇中的一个节点作为簇头,负责协调簇内其他节点的工作以及融合转发群集中的数据。同时,以循环方式随机选择簇头节点,将整个网络的能量负载均匀分配给各个传感器节点,从而降低网络能耗,延长网络生命周期。

LEACH算法假定每个传感器节点都可以调整发射功率,并且所有节点都可以直接与汇聚节点通信。LEACH算法不断进行聚类和数据传输过程,每个周期称为"轮次",每轮由簇建立阶段和数据传输稳定阶段组成。在建立阶段,节点被分成几个簇,并生成相应的簇头。在稳定阶段,非簇头节点向簇头节点发送数据,簇头对接收到的数据进行融合处理,将融合处理后的数据转发给汇聚节点。为了节省资源,稳定阶段通常比建立阶段的持续时间更长。

簇头节点选定后,将向全网广播消息,声明自己已成为簇头节点。网络中其他节点根据接收到的广播消息的信号强度决定自己所从属的簇,并通知相应的簇头节点,完成簇的建立。

在稳定阶段,整个时间区间被划分成一定数量的长度相等的固定时隙,由簇头节点采用 TDMA 的方式分配给簇中的每一个节点,各簇内节点只需在所分配的时隙内开启其无线发射单元,向簇头发送数据,而在其他时间可以进入休眠状态。簇头节点在收到簇内所有节点发送的数据后,对数据进行融合处理,然后再把融合处理后的数据发送给汇聚节点。

稳定阶段结束后,算法重新进入簇的建立阶段,进行下一轮的分簇过程,不断循环。此外,每个簇采用不同的 CDMA 码进行通信以减少对其他簇内节点的干扰。

概括地说,LEACH 算法具有以下几个主要特点:

1)网络中节点的周期性和周期性聚类和簇头选举,可有效平衡网络中节点的能量负载。

2)簇头负责对簇内各节点数据进行融合处理,然后将融合处理后的数据发送给汇聚节点,有效减少汇聚节点传输的数据量。

3)簇内节点只需要在分配的时隙内向簇头发送数据,其他时间可以进入休眠状态,这样可以有效降低节点的能耗。

4)TDMA 和 CDMA 的 MAC 机制分别用于簇内和簇间,可有效减少数据传输中可能出现的冲突。

尽管 LEACH 算法具有以上特点,它能有效降低网络的能耗,延长网络的生命周期,但也存在一些问题。例如,使用 LEACH 算法构建的集群不是均匀分布的,集群的大小也是动态随机变化的,这在一定程度上会影响网络的性能。由于簇头节点和汇聚节点之间的数据是直接传输的,因此当簇头距离汇聚节点较远时,会造成较大的能量消耗,影响网络的生命周期。而且,簇头选举时,不考虑节点的位置信息和剩余能量,导致簇头分布不合理,节点间能量消耗不均衡。另外,实际上,集群中的节点可能并不一定要在分配的时隙中传输数据,这将导致带宽资源的浪费。所有这些问题都需要通过进一步的研究来解决。

6.3.2 分布式分簇算法

1. HEED 算法

在 LEACH 算法中,簇头节点的选举不考虑节点的地理位置,这会导致簇头分布不均的问题。HEED 算法是针对这个问题提出的一种高性能分布式聚类算法。该算法的基本思想是将节点的剩余能量和簇内通信成本作为参数迭代选择簇头。节点的剩余能量是簇头选举期间考虑的主要参数,它被用于选择一组初始值。簇头节点和簇内通信代价是次要参数,用于解决剩余能量相同时的簇头选举问题。选择簇头时,HEED 算法使用平均最小可达功率作为群内通信成本的度量。它被定义为群集头与群集中所有其他节点通信所需的最小功率的平均值。基于平均最小可达功率来选择簇头优于基于距离来选择的簇头,因为它为包括簇头节点在内的所有节点提供统一的聚类标准,而不像许多其他算法本身在不包含自身的节点集合中选择最近的簇头节点。

在 HEED 算法中,节点聚类过程通过几轮循环迭代完成。每轮的持续时间必须确保每个节点都可以接收集群中所有相邻节点发送的消息。像 LEACH 算法一样,HEED 算法预定义具有一定初始比率的簇头节点。该初始参数仅用于限制初始簇头节点发送的通告数量,并且对最终簇结构没有直接影响。

在循环的每次迭代中,如果一个节点没有收到簇头节点发送的任何消息,它将自己选择为概率为 p 的簇头节点。新选择的簇头被添加到当前簇头组。如果选择一个节点作为簇头节点,它将消息广播给其他节点,声明自己是临时簇头还是最终簇头。如果节点发现在其邻居节点中选择了临时簇头,则选择成本最低的簇头作为其簇头。如果发现没有临时簇头,则它的概率 p 加倍,并且进入循环的下一次迭代,其中选择自身为新的临时簇头的概率。如果一个节点在算法结束后没有成为簇首或簇节点,它会广播通知消息并声明自己是最后一个簇头;如果临时簇头在随后的一轮中接收到低成本簇头广播消息,则它成为普通节点。

HEED 算法与簇头选择准则和簇头选举机制中的 LEACH 算法不同。在 LEACH 算法中,簇头和簇大小的选择是随机的,这将导致网络中的一些节点更快地死亡并影响网络寿命。相比之下,HEED 算法的聚类速度更快,并且簇头更均匀地分布在网络中。具体来说,它考虑了聚类后簇内的通信开销,并将节点的剩余能量用作簇头选举。主要参数使选定的簇头更适合转发数据,构建的网络拓扑结构更加合理、网络能耗更均衡,可以有效延长网络生存时间。

2. DWEHC 算法

DWEHC 算法是一种基于加权的高能效层次分簇算法,其设计目标是均衡簇的大小并优化簇内拓扑结构。该算法对网络的大小和节点部署的密度没有特别限制,但假设传感器节点知道自身和其他节点的位置,并以相同的固定功率发送数据。在整个网络中,簇的发射半径,也就是簇成员节点到其簇头的最远发射距离是固定的。算法规定每个节点最多可以有 6 个相邻节点,簇的产生过程最多运行 7 次,包括初始化过程。算法经过在各节点上分别运行 7 轮循环后,产生一个多跳的簇内结构,其中簇头位于根的位置,成员节点以广度优先的顺序连接。

DWEHC 算法的运行完全分布在整个网络上。每个节点既可是一个簇的簇头,也可是一个簇的子成员。每个簇包含一个局部优化的最小功率拓扑结构。每个父节点拥有有限数量的子节点,这在可扩展性方面十分重要。DWEHC 算法能够较好地均衡各节点的负载,从而延长簇头节点的寿命。

DWEHC 算法和 HEED 算法在簇头选择中都考虑了节能问题,但由 DWEHC 算法构建的簇比由 HEED 算法构建的簇在负载上更趋均衡,而且 DWEHC 算法能够更高效地降低簇内通信与簇间通信所消耗的能量。

第7章 无线传感器网络的定位技术

定位是无线传感器网络应用的基本和关键技术之一。在许多无线传感器网络应用中,感测节点必须知道它们的地理位置以确定收集数据的确切位置并为用户提供有用的服务。该节点的位置信息也可用于目标定位、目标跟踪和目标轨迹预测,实现对网络覆盖区域内其他目标的定位和跟踪。另外,无线传感器网络的一些网络控制功能(如路由和拓扑控制)也需要传感器节点的位置信息来提高控制效率和提高网络性能。然而,由于无线传感器网络的大规模随机部署和低成本,传统网络中使用的节点定位技术并不适用于无线传感器网络。因此,节点定位成为无线传感器网络的重要研究方向。本章将介绍无线传感器网络节点定位的相关概念、问题,主要的节点定位技术基础和定位算法。

7.1 概　述

无线传感器网络的节点定位是实现无线传感器网络应用的关键技术。本节介绍无线传感器网络节点定位的必要性、特点和主要技术挑战。

7.1.1 无线传感器网络节点定位的必要性

无线传感器网络的许多应用都要求节点了解其位置信息,以便为用户提供有用的监控服务。一方面,没有节点位置信息的监视数据通常没有意义。例如,对于诸如地震监测,森林火灾监测和天然气管道监测等应用。当监测事件发生时,人们关心的最重要的问题是"事件发生在哪里""什么地理位置是监控节点"。另一方面,节点的位置信息可以用于目标定位、目标跟踪和目标轨迹预测,以实现对网络覆盖区域中其他目标的定位和跟踪。另外,无线传感器网络的一些网络控制功能,如路由、拓扑控制、安全控制等,也需要传感器节点的位置信息来提高控制效率,提高网络性能。

在许多传感器网络应用中,传感器节点随机部署在指定区域(例如,通过飞机传播)。节点的位置是不可控制的。节点无法预先知道自己的地理位置,因此需要通过部署后的定位技术来获取准确的位置信息。然而,通过手动测量或设置获得传感器节点位置信息的方法在无线传感器网络中通常是不切实际的。对于目前应用最广泛、最成熟的定位技术,全球定位系统(GPS)不仅可以通过卫星授时和测距定位用户节点,而且具有定位精度高、实时性好、抗干扰强等特点。然而,GPS接收器通常具有高能耗、大尺寸和高成本,因此不适合在大规模、低成本的传感器节点上部署。而且,GPS通常仅适用于视距通信应用。在室内环境中,GPS无法接收卫星信号,因此无法使用。在战争环境中,GPS将受到干扰和服务限制,这将严重降低其定位精度,甚至可能完全失败。因此,GPS很难应用于无线传感器网络。虽然中国自主研发并部署了北斗定位系统,但由于缺乏低成本、高性能的北斗终端芯片,目前还没有广泛应用。对于机器人等领域使用的定位技术,虽然机器人节点和传感器节点具有许多类似的特征,如自组织特征和运动特征,但是机器人节点具有充足的能量,并且可以携带精确的测距设备,通常传感器节点可能没有这种情况。而且,一些应用于机器人的定位算法通常不需要考虑算法的复杂性和能耗,同时也有相应的硬件设备支持,因此不适用于无线传感器网络。

由此可见,节点的位置信息在无线传感器网络的许多应用场合具有十分重要的作用,已成为无线传感器网络的一个重要研究方向,研究和设计适合无线传感器网络应用的节点定位技术具有十分重要的意义。

7.1.2　无线传感器网络定位技术的特点

由于传感器节点成本、体积和能量等方面的限制,无线传感器网络的定位技术必须具备以下特点:

1)自组织功能:由于传感器节点通常是随机部署的,没有基础设施支持,因此定位算法需要自组织,不能依赖全局的基础设施来协助定位。

2)节能特点:传感器节点的能量通常非常有限,这就要求定位算法尽量减少计算复杂度和流量,以降低能耗,延长网络寿命。

3)分布式特征:由于传感器节点的数量通常很大,定位算法不适合由单个节点完成,这要求每个节点能够以分布方式计算自身或其他节点的位置信息,并且减少节点的计算负担。

4)鲁棒性:由于传感器节点的通信,处理和存储能力有限,所以很难避免测距错误。这就要求定位算法必须具有较强的容错能力,可以容忍一定的测距误差甚至节点故障。

5)可扩展性:不同无线传感器网络应用中的节点数量可能少至几十到几万。为了适应不同规模的网络,定位算法必须具有很强的可扩展性。

7.1.3　无线传感器网络节点定位的技术挑战

目前,无线传感器网络的定位技术还处于理论研究阶段。已经提出了考虑到无线传感器网络的特征的一些定位方法和算法。但是,这些方法和算法都有其自己的适应条件。为了设计高效、高精度的定位方法和算法,仍然面临以下两个主要问题。

由于传感器节点在成本、体积和能量方面的限制,不可能配置精确测距设备,如 GPS 接收机。相反,它们必须通过网络中节点之间的相互距离测量和信息交换来定位。这就增加了执行高效、高精度的定位难度。

由于传感器节点在能量、计算、存储和通信能力方面的局限性,定位算法必须能够最小化计算复杂性和由此产生的通信开销,并且增加了实现高效、高精度的定位难度。因此,为了满足无线传感器网络应用的需要,无线传感器网络定位技术需要进一步研究和探索,以解决存在的问题,并设计出高效、高精度、实用的定位方法和算法。

7.2　无线传感器网络的定位技术基础

本节介绍节点定位的基本概念、定位系统的基本组成、节点定位的测距技术、节点位置的计算方法和节点定位的性能指标。

7.2.1　节点定位的基本概念

无线传感器网络中的节点位置是指传感器节点根据网络中几个已知节点的位置信息,通过某种定位技术确定自身或网络中其他节点的绝对或相对位置的过程。在无线传感器网络中,节点定位分为两种:节点自身定位和目标节点定位。节点自身的定位是确定网络节点本身的坐标位置的过程,目标节点的定位是确定网络覆盖区域内的事件或目标节点的坐标位置的过程。节点自身的定位可以通过手动标记或节点自定位算法来实现,目标节点定位以位置已知的网络节点为基准来确定网络覆盖区域内事件或目标的位置。通常,节点自身定位是目标定位的基础。“位置”是一个依赖于某个参照坐标系的概念,所有的“位置”都是相对的,没有相应参照坐标系的“位置"是毫无意义的。在实际应用中,网络中一般总是存在一个合适的全局坐标系作为节点定位的参照标志。

无线传感器网络中的传感器节点可以分为信标节点和未知节点。其中,信标节点也称为锚节点,是指位置已知的传感器节点,可以为其他节点提供位置参考。未知节点是指无法预测其自身位置的传感器节点。在传感器网络中,网络节点中信标节点的比例很小。通常,通过手动配置或安装诸如 GPS 接收器的定位设备来预先获取位置信息;网络中大多数节点都是未知节点。一般来说,它有能力测量与相邻节点的距离。这些未知节点可以通过某些定位技术基于信标节点的位置信息来确定它们自己的位置。

以下是涉及节点定位技术的几个基本术语及其概念。

到达时间(Time of Arrival,TOA):信号从一个节点传播到另一个节点所需要的时间,称为信号到达时间。

到达时间差(Time Differential of Arrival,TDOA):两个不同传播速度的信号(如声、光等)从一个节点传播到另一个节点所需要的时间之差,称为信号到达时间差。

到达角度(Angle of Arrival,AOA):节点接收到的信号相对于自身轴线的角度,称为信号相对于接收节点的到达角度。

接收信号强度(Received Signal Strength,RSS):节点接收到无线信号的强度大小。

接收信号强度指示(Received Signal Strength Indicator,RSSI):节点接收到无线信号的强度大小指示。

视距关系(Light of Sight,LOS):两个节点间没有障碍物,能够直接通信,称为两节点间存在视距关系。

非视距关系(Non Light of Sight,NLOS):两个节点间有障碍物,不能够直接通信,称为两节点间存在非视距关系。

7.2.2　定位系统的基本组成

传统的定位系统通常通过测距来估计节点的位置。位置测量单元用于检测接收到的射频信号到达时间,到达角度和接收信号强度等位置度量参数,并将这些度量参数发送给定位估计单元,定位估计单元根据位置测量位置。单元提供的位置参数使用相应的定位算法来估计节点的位置,并将得到的位置坐标信息发送到用户终端。

在位置估计过程中,传感器节点首先需要发送和接收可从其提取相关测距信息的 RF 信号。例如,在基于 RSS 的测距系统中,节点从参考节点接收到的总信号能量可用于估计此节点与参考节点之间的距离。RSS 技术的实现通常比较简单,但其准确性并不高,特别是在多路径环境下。对于基于 TOA 的测距系统,可以通过发送 RF 信号并记录接收信号所需的时间来估算节点之间的距离。由于信号的到达时间对应于信号传输路径的距离,所以这种测距方法相对精确。

当一个节点从不同的参考节点接收到 3 个(或 4 个)距离测量值,它就把这些信息传递给其定位估算单元,通过一定的定位算法,对其二维(或三维)位置进行估算。这些距离测量值基本上可以确定节点的位置,其估算精度取决于距离测量值的精度。

7.2.3　节点定位的测距技术

许多节点定位算法要求知道未知节点与相邻信标节点之间的距离或角度信息,再根据它们之间的几何关系计算未知节点的位置。测距技术是通过测量接收信号的到达时间、到达角度或信号强度等度量参数来估算节点之间距离的一种技术,是许多定位算法的基础,节点具有测距能力是许多定位算法的基本要求。本节介绍目前无线传感器网络节点定位中使用的几种主要的测距方法及其特点。

1. 基于到达时间(TOA)的测距方法

基于到达时间(TOA)的测距方法基于已知信号的传播速度和信号在发送节点和接收节点之间来回传播的时间延迟来估计两个节点之间的距离。这种测距技术具有很高的测量精度,但要求在发送测距信号的节点和接收测距信号的节点之间有精确的时间同步。由于无线信号的传播速度非常快,时间测量中的小误差会导致较大的距离误差,因此需要更精确地获得发送节点和接收节点的响应和处理延迟。由于传感器节点之间的距离通常很短,所以这个要求很难实现。同时,这也大大增加了设备实现的复杂性。使用 TOA 技术的最典型的定位系统是 GPS。由于传感器节点在硬件尺寸,成本和功耗方面的限制,使用基于 TOA 的测距技术并不适合。

2. 基于到达时间差(TDOA)的测距方法

基于到达时间差(TDOA)的测距方法通过使用发送节点同时发送两个不同传播速度的信号来计算两个节点之间的距离,并且接收节点根据到达之间的时间差来计算两个节点之间的距离。两种不同的无线信号通常使用射频信号和超声波信号。基于 TDOA 的方法通常比基于 TOA 的方法获得更高的测距精度,并且更常用于无线传感器网络的定位研究。但是,它要求节点有能力接收两个不同的信号,这会增加节点的复杂性和成本。同时,超声波的传输距离非常有限,网络节点必须能够密集配置。此外,非视距问题也会对超声波信号的传输产生显著影响。

3. 基于到达角度(AOA)的测距方法

基于到达角度(AOA)的测距方法是:通过接收节点或多个无线接收机的天线阵列来测量无线信号的到达方向,并计算接收节点与发送节点之间的相对位置或角度,然后按照三角测量法计算节点的位置。该测距方法要求每个节点配备昂贵的天线阵列或多个无线接收器,这就对节点硬件有很高的要求,并且在硬件尺寸、成本和功耗方面不适合大规模无线传感器网络。而且,外部环境和非视距路径对测距精度也有很大影响。

4. 基于接收信号强度(RSS)的测距方法

基于接收信号强度(RSS)的测距方法是根据接收节点接收到的信号强度或接收功率来确定与发送节点之间的距离,一般使用无线射频信号。

7.2.4 节点定位的性能指标

无线传感器网络节点定位的性能通常可以用多个性能指标来衡量,除了最主要的定位精度指标外,还经常使用定位范围、定位速度、节点密度、能耗和代价等指标。

1. 定位精度

定位精度是定位系统最重要的性能指标。它是指提供的位置信息的准确性,并分为绝对精度和相对精度。绝对精度是以长度为单位的定位误差的度量。例如,GPS 系统的定位精度通常在 1~10 m 的范围内。一些商用超声波室内定位系统可以提供约 30 cm 的定位精度。相对精度表示为定位误差与节点间距离的比率。例如,定位精度为 10% 表示定位误差相对于节点之间距离的 10%,若两个节点之间的距离为 20 m,则定位精度为 2 m。

2. 定位范围

定位范围是指一种定位系统或定位技术能够有效工作距离的范围。例如,GSM 系统能够覆盖千米级的范围,而超声波定位的覆盖范围只有十多米。通常,定位范围和定位精度是一对矛盾性的指标。范围越小,所能提供的精度越高;而范围越大,所能提供的精度越低。

3. 定位速度

定位速度是指定位系统提供位置信息的速度。它决定了定位系统提供服务的实时性和准确性,同时也影响定位系统的更新速度,即更新位置信息的频率。定位速度越快,系统的刷新速率越快,可以提供更加准确的实时定位服务。相反,这将极大地影响定位系统的服务质量。

4. 节点密度

在许多无线传感器网络应用中,节点密度对定位算法的准确性有很大影响。节点密度越大,可以获得的定位精度就越高。但是,增加节点密度意味着增加部署网络的成本。具体而言,参考节点的成本通常比普通节点的成本高至少两个数量级。因此,参考节点的密度也是衡量定位系统或算法性能的重要指标之一。

5. 能耗

由于不同定位技术所采用的定位算法不同,其复杂度和相应的计算和通信开销会有很大差异,导致能耗差异较大。因此,能耗也是定位性能的重要指标。在保证定位精度的前提下,定位所需的计算量、通信开销和时间复杂度也是一组关键指标。

6. 代价

定位系统或算法的成本包括时间成本、空间成本和资金成本。时间成本主要考虑定位系统或算法的安装,配置或定位时间等因素;空间成本主要考虑定位系统或算法所需的基础设施,网络节点数量或系统硬件大小等因素;资金成本考虑主要考虑定位系统或算法的基础设施和节点设备的总成本。

7.3 无线传感器网络的定位算法

无线传感器网络的定位技术近年来得到较深入的研究,针对各种不同的应用场合,许多不同的定位算法被相继提出。这些算法可以从不同的角度进行分类,如物理定位算法和符号定位算法、绝对定位算法和相对定位算法、低粒度定位算法和粗粒度定位算法、集中式算法和分布式算法、基于测距的定位算法和无需测距的算法等。

基于测距的定位算法通过测量节点之间的距离或角度,然后根据节点之间的几何关系,采用三边测量法、三角测量法或最大似然估计法来确定网络节点位置,所采用的测距技术有 TOA、TDOA、AOA 和 RSSI。由于基于AOA 的测距通常不够可靠,实际中很少采用。无线传感器网络中常用的测距技术主要有 TOA、TDOA 和 RSSI。本节介绍两种典型的基于测距的定位算法:AHLos 算法和 RADAR 算法。

1. AHLos 算法

AHLos(Ad-Hoc Localization System)算法是一种基于测距的定位算法,其基本思想是利用 TDOA 测量节点间的距离,发送节点同时发送两种不同传播速度的无线信号,一般采用无线射频信号和超声波信号,接收节点根据两种信号到达的时间差以及它们的传播速度,计算两个节点之间的距离,再通过最大似然估计法来确定未知节点的位置。

在 AHLos 算法中,信标节点首先向其相邻节点广播自身的位置信息,未知节点接收相邻信标节点的位置信息并测量与信标节点之间的距离。当相邻信标节点数目大于或等于 3 个时,未知节点采用最大似然估计法计算自身的位置。在自身位置确定后,未知节点将转化为信标节点,并向相邻节点广播其自身的位置信息。这样,网络中信标节点的数目将逐渐增多,从而使得原本相邻信标节点数目不足 3 个的那些未知节点能够逐渐拥有足够的信标节点来估计它们的位置。

AHLos 算法中定义了 3 种定位方式:原子多边方式、迭代多边方式和协作多边方式。

(1)原子多边方式

当未知节点相邻的原始信标节点数目大于或等于 3 个时,直接采用最大似然估计法进行位置估算。由于这里的信标节点都是未经转换的原始信标节点,这种方式被称为原子多边方式。

(2)迭代多边方式

当未知节点相邻的原始信标节点数目小于 3 个时,部分未知节点通过接收原始信标节点广播的位置信息及距离估算能够确定自身的位置并转化为信标节点。当一个未知节点相邻的原始信标节点和转化后的信标节点总数大于或等于 3 个时,可以采用最大似然估计进行位置估算。由于这里的信标节点可能通过多次循环迭代转化而成,这种方式被称为迭代多边方式。

(3)协作多边方式

当网络中的信标节点数量非常少的情况下,经过多次迭代后,有些未知节点很有可能永远无法通过迭代多边方式确定自己的位置。此时,如果未知节点能够通过其他节点的协作获得足够多的信息形成一个由多个方程式组成并具有唯一解的超定系统(Over-determined System),就可以同时对多个节点进行定位。

AHLos 算法利用基于 TDOA 的测距方法对节点进行定位,并引入转化信标节点的概念,能够在一定程度上解决信标节点不足的问题,但同时也可能造成较大的累计误差。实验仿真表明,在网络平均连通度为 10、信标节点的比例为 10% 的条件下,该算法可使 90% 的节点获得定位,精度约 2 cm。该算法主要适用于信标节点密度较高、网络规模不太大的应用场合。

2. RADAR 算法

RADAR 是一种基于 RSSI 技术的定位系统,用于建筑物内节点的定位,可以较好地确定用户传感器节点在建筑物内的位置。RADAR 算法的基本思想是在建筑物的楼层内部署多个基站,使其覆盖楼层内所需监测的区域。基站一旦部署完毕,一般情况下不再移动,而被监测的区域内可以随机部署位置可移动的传感器节点,即移动节点或终端。通过测量移动终端处的信号强度,并与预先建立的对应测量点的信号强度经验数据进行比较匹配,查找最为相近的位置信息,或者根据信号传播模型来估计移动终端与基站的距离,再采用三边测量法计算节点的位置。

第8章　无线传感器网络中间件技术

8.1　无线传感器网络中间件的体系结构及功能

随着中间件技术、网格技术和 p2p 技术的出现,分布式计算取得了非常大的进展。中间件作为操作系统和应用程序之间的系统软件,通过屏蔽底层组件的异构性,提供了统一的操作平台和友好的开发环境。随着技术的进一步发展,它具有动态重构、可扩展、上下文敏感等特点。无线传感器网络是一个分布式系统,无论是从节点的物理分布还是从节点之间的协作处理到系统资源的共享。这也适用于分布式系统的处理。分布式计算中间件也是一种自然选择。

8.1.1　通用中间件的定义

1. 无线传感器网络中间件的定义

中间件是操作系统(包括底层通信协议)和各种分布式应用程序之间的软件层。它的主要任务是建立分布式软件模块间的互操作机制,屏蔽底层分布式环境的复杂性和异构性,为上层应用软件提供操作和开发环境。

无线传感器网络中间件软件的设计必须遵循以下原则:

1)由于节点能量、计算量、存储容量和通信带宽有限,无线传感器网络中间件必须是轻量级的,才能实现性能与资源消耗的平衡。

2)传感器网络环境比较复杂,中间件软件应该提供更好的容错机制,自适应和自我维护机制。

3)中间件软件基本支持各种硬件节点和 TinyOS(MantisOS,SOS)。因此,它必须能够屏蔽网络的底层异构性。

4)中间件软件的上层是多种应用程序。因此,有必要为各种上层应用提供统一的、可扩展的接口,以促进应用的开发。

2. 无线传感器网络中间件面临的问题

设计和实现一个成功的中间件不是一件容易的事,必须面对许多问题。

1)由于节点能量计算、存储容量和通信带宽有限,因此中间件必须是轻量级的。此外,中间件还应该提供一种资源分配机制,以优化整体系统性能、平衡性能和资源消耗。

2)无线传感器网络通常有大量的节点,加上其环境的约束,手动部署、维护也比较困难,所以中间件应该提供容错、自适应和自维护机制来执行非干扰操作。

3)在无线传感器网络中,服务质量(QoS)可以从应用相关和网络相关的角度来查看。前者将 QoS 视为应用相关参数,如覆盖范围,活动节点数量和评估准确度。后者考虑底层通信网络如何能够有效地使用网络资源来处理 QoS 限制的传感数据。因此,中间件设计还必须提供合适的 QoS 机制来实现性能、延迟和能量使用之间的平衡。

4)数据采集和处理是无线传感器网络的核心功能。但是,大多数应用程序包含冗余信息。为了减少通信开销和能源消耗,通常将数据汇总并融合到用户,以支持这种数据处理。中间件通常需要网络节点来注入与应用相关的知识。

5)必须能够随时随地灵活支持网络扩展,保持可接受的性能水平。同时,它的设备也有故障和障碍物等因素引起的动态网络环境,支持传感器网络的健壮运行。

6)为了促进应用程序的开发,中间件应该为开发人员提供一个统一的系统视图,为各种异构计算设备提供编程抽象或系统服务,而单节点设备只保留最小功能。

7)一些传感器节点部署在相对恶劣的环境中,使得恶意攻击和拒绝服务更容易入侵。此外,无线通信介质容易受到入侵窃听数据包的攻击而影响网络功能。为了保护信息的完整性和可信性,避免各种攻击的成功,中间件应该基于无线传感器网络的特性提供新的安全机制。

8.1.2　无线传感器网络中间件的体系

1. 中间件软件的级别

一个完整的无线传感器网络中间件的软件应该包括一个运行环境来支持和协调多个应用程序。同时,将提供一系列标准化的系统服务,如数据管理、数据融合、应用目标自适应控制等,从而延长无线传感器网络的生命周期。中间件软件位于底层硬件平台上操作系统和上层应用程序系统之间。它为较低层提供不同类型的适配接口,并为上层应用程序提供开发接口。

2. 无线传感器网络中间件的关键技术

无线传感器网络中间件的关键技术至少包括以下几个方面:

1)资源调度技术:为用户提供透明统一的资源管理接口,为应用开发提供动态的资源分配和优化。

2)安全防护技术:在充分利用无线传感器网络资源的基础上,为节点和网络提供安全保障。

3)异构系统通信技术:在具有不同媒体、不同电特性和不同协议的无线传感器网络服务中,屏蔽底层操作系统的复杂性,实现无缝通信和交互。

4)分布式管理技术:实现高层次无线传感器网络的分布式信息处理和控制,为网络建立能量管理,拓扑管理和数据管理。

3. 无线传感器网络中间件系统

典型的无线传感器网络中间件的软件体系结构主要分为四个层次:网络适配层、基本软件层、应用开发层和应用服务适配层。其中,网络适配层和基本软件层构成无线传感器网络节点的嵌入式软件体系结构;应用开发层和应用服务适配层构成无线传感器网络应用的支撑结构,支持应用服务的开发和实现。

(1)网络适配层

在网络适配层中,网络适配器实现底层网络(无线传感器网络基础设施和操作系统)的封装。

(2)基本软件层

基本软件层包含各种灵活、模块化和便携的无线传感器网络中间件组件。该层特别包含以下组件:

1)网络中间件组件:完成无线传感器网络接入、网络生成、网络自愈和网络连接服务。

2)配置中间件组件:完成无线传感器网络的各种配置任务,如路由配置和拓扑调整等。

3)功能中间件组件:完成无线传感器网络各种应用服务的通用功能,并提供功能框架接口。

4)管理中间件组件:实现网络应用服务的各种管理功能,如资源管理、能源管理和生命周期管理。

5)安全中间件组件:为应用程序服务实现各种安全功能,如安全管理、安全监控和安全审计。

(3)应用程序开发层

1)应用框架接口:提供无线传感器网络的各种功能描述和定义。具体实现由基础软件层提供。

2)开发环境:无线传感器网络应用的图形化开发平台。它基于应用程序框架接口,为应用程序服务提供更高层次的应用程序编程接口和设计模式。

3)工具套件:提供各种特殊的开发工具,以协助开发和实施无线传感器网络的各种应用服务。

(4)应用服务适配层

应用服务适配层封装各种应用服务,并解决底层软件层变化和接口不一致问题。

8.1.3　无线传感器网络中间件的设计方法

1. 无线传感器网络中间件的设计方法分类

无线传感器网络中间件支持应用程序的设计、部署、维护及执行。为了更好地实现这些目标,需要在任务和网络之间的有效交互、任务分解、节点之间的协作、数据处理、异构抽象等方面提供各种机制,围绕这些目标提出了不同的设计方法。在有的文献中提出无线传感器网络分布式处理分为单节点控制和网络级分布式控制两个层面,根据这一观点并结合无线传感器网络中间件的底层编程范式,可把现有无线传感器网络中间件方法分为虚拟机(Virtual Machine)、基于数据库(Database)、基于元组空间(Tuple Space)和事件驱动(Event Driven)以及自适应(Adaptive)中间件五类。基于数据库和自适应中间件,通常采用耦合通信范式(通常是异步通信模式)。元组空间和事件驱动中间件通常基于灵活的去耦通信范式(通常是异步通信模式)。

2. 中间件的设计方法分析

根据以上分类方法,对各种中间件的设计方法进行介绍和分析,并根据可扩展性、可靠性和适应性对几种典型的设计方法进行比较。

(1)基于虚拟机的中间件

采用虚拟机的方法具有灵活性高、编程人员易于开发等优点。灵活、方便的编程接口通常是通过屏蔽底层硬件资源和系统软件之间的异构性而提供的。典型的例子是磁电机、Sensor Ware 等。

Mate、SensorWare 和 MagnetOS 分别使用字节代码包、Tcl 脚本和 Java 对象,均可支持代码的移动,进行任务的迁移。节点可以更好地适应和改变无线传感器网络的变化,并且可以使用字节码包更新网络协议或算法,使网络能够动态、灵活、方便地进行重新配置,但对于复杂的应用,指令解释开销较大。磁电机通过对 Java 虚拟机的使用,可以解决无线传感器网络的异构问题,自动分割和分配应用程序代码中每一个节点的网络,减少通信开销系统,Java 也使得它更容易开发,但使用 Java 虚拟机技术在系统开销是非常大的,小的无线传感器网络只具有有限的资源效用。SensorWare 使用轻巧的移动控制脚本语言,以方便应用程序的开发。通过节点间脚本的复制和迁移,可以很容易地实现分布式算法在网络中的部署,实现代码非常小(小于 180 KB),适用于多个传感器节点。

一方面,这种中间件方法支持的开发语言是非常重要的,而且语言越复杂,对开发人员的要求就越高。另一方面,虽然脚本语言等支持语言是程序员很容易开发的,但它对于实体功能来说相对较弱,因此我们必须在简单性和功能表示之间取得平衡。

(2)基于数据库的中间件

这种方法将整个网络视为分布式数据库、用户使用与 SQL 类似的查询命令来获取所需的数据。查询通过网络分布到每个节点,节点确定感知的数据是否满足查询条件,并确定数据是否发送。典型的例子是美洲狮、TinyDB、新浪等。

美洲狮、TinyDB 和 SINA 提供了一个分布式数据库查询接口,用户可以使用熟悉的数据库查询方式,使用方便,为节约能源提供了相应的机制;建立并维护一个扩展 TinyDB 树的叶节点,叶节点广播查询,根据查询条件来决定是否转发父节点,对父节点的处理和融合可以减少通信开销,节约能源;通过查询分布 Cougar 每个节点来减少数据收集和能源成本;基于命名机制和位置感知机制属性 SINA,利用位置信息传输协议限制重复发送相同信息的地理位置,节约能源。此外,新浪还支持分层集群体系结构,有利于网络的扩展。然而,这些方法在支持可靠性和移动性方面相对薄弱。

(3)自适应中间件

在自适应编程范式中,自适应可分为主动和反射两种方法。主动方法可以具体应用于指定 QoS 要求的情况,并根据这些需求积极地调整与网络相关的参数。反射通常是基于网络环境的变化而产生的反应,如网络拓扑、节点功能等,调整某些参数,来满足一定的 QoS 需求。反射和主动相位相结合可以更好地控制网络，以获得更好的服务质量水平。

Milan 采用主动方法来影响网络。Milan 用基于状态变化的特殊图形表示 QoS 需求。在此基础上，讨论了如何控制网络和节点平衡以及如何节约应用程序资源，延长应用生命周期决策等问题，并对 Milan 的应用前景进行了探讨。

有些文件提出了一个自主的框架，它可以根据设备的历史信息作出决定，而不是在作出决定后作出相应的反应。根据应用程序指定的策略和设备的功能，动态地将融合、位置、容错和其他策略下载到适当的设备上。TinyCubus 已开发一个通用的可重构系统的体系结构，提供了一套标准的自适应管理组件。根据系统参数和应用需求，最佳选择是主动与反射相结合。这些方法大都采用跨层优化机制，采用主动或反射的方法来适应网络环境的动态变化，满足相应的 QoS 需求，具有很好的适应性，但异构性、通用性和移动性支持还有待进一步研究。

（4）基于元组空间中间件

无线传感器网络大多采用无线通信技术，由于带宽有限、干扰容易，具有请求响应的同步通信方式有很大的局限性。引入解耦的机会元组空间通信范式更为灵活。所谓的元组空间是一个共享存储模型。数据被表示为一个基本的数据结构，称为元组。它通过读、写和移动元组实现进程的协作。元组空间通信范式在时空上解耦。它不需要节点的位置或标志信息。它非常适合移动无线传感器网络，具有很好的可扩展性。但它的实现对系统资源要求也相对较高。

TinyLime 是基于 Lime 的数据共享中间件，结合无线传感器网络需求，修改和扩展了 Lime 中间件，增加了对移动性的支持。

（5）基于事件驱动的中间件

一旦节点检测到事件的发生，它立即将通知发送给相应的程序。应用程序还可以指定一个复合事件，该事件仅发生在事件与复合事件模式匹配时通知应用程序。这种基于事件通知的通信方式通常采用发布/订阅机制，能够提供异步、多对多的通信模型，非常适合大规模无线传感器网络。

8.2　基于 Agent 的无线传感器网络中间件 DisWare

移动 Agent 的运行环境即移动 Agent 平台能实现对 Agent 代码空间的分配和管理，并能扮演虚拟机的角色，运行多种功能的移动 Agent 指令，在运行时对 Agent 执行资源进行管理。移动 Agent 平台支持在单个节点上运行多个相互协作的 Agent,并且 Agent 和 Agent 之间可以通过访问平台提供的公用内存资源的方式进行相互交流,还能够在运行中间件的节点间相互迁移。

8.2.1　DisWare 体系结构

DisWare 与 Agilla 兼容,支持异构无线传感器网络操作系统,它由支持层、无线传感器网络基础设施、基于无线传感器网络应用业务层的一些常见功能、管理、信息安全等组成。目前,无线传感器网络的应用系统大多是基于网络节点硬件和嵌入式操作系统。整个基础软件架构包括节点嵌入式操作系统和特定应用系统中所包含的基本功能软件。这些最多的是无线传感器底部层,复杂的底层将面临应用程序开发过程中的很多问题,诸如操作系统复杂的网络功能设计、管理,复杂多变的网络环境以及数据不一致引起的分布式处理的多样性问题和安全问题等,而无线传感器网络的应用系统面临着许多常见问题。抽象和抽象之后通过重用组件可以形成。这些组件和特定的模型及接口构成整个 DisWare 体系结构模型。

在这个架构模型中,DisWare 具有可扩展的结构。通过对底层系统 Agent 和基于 Agent 的框架接口的抽象和集成,Agent 可以在基于多种异构操作系统和硬件平台的 Agent 组件库中灵活实现。选择现有的组件来开发和操作无线传感器网络应用系统。在工作引擎的判断和分析下,对环境信息和系统决策进行筛选和判断。并且每个代理可以密切地与外部环境和其他代理进行信息交流。交互可以及时调整建模和规划模块,使之更适应环境变化。在基于中间件的无线传感器网络系统中,面向代理的编程模型使得代理之间以及代理与环境之间的交互能够确定整个系统的操作。该代理可以在统一的框架下,根据主体的需求,选择合适的功能模块,以代理为核心,形成所需的系统。在 DisWare 的架构下,工作引擎是基于无线传感器网络的中间件的核心代理。它通过基于代理的框架接口为无线传感器网络应用程序提供开发、维护和部署,对基于底层系统的代理进行抽象和集成。为了支持代理,无线传感器网络中间件组件库由可选组件组成,包括算法组件、功能组件、各种其他可重用服务应用模块和与应用程序无关的虚拟机组件的各种描述。使用代理构建 DisWare 可以提供更高的稳健性和可靠性。基于代理的抽象和方法也将为无线传感器网络提供一个易于使用、表达能力强的编程接口。其主要优点如下:

1)DisWare 不会是被动对象的组合。代理之间和代理与环境之间的交互决定了整个系统的运行。

2)Agent 的控制流程比对象更具区域性。在 DisWare 中,Agent 具有明确的分工,而控制流只能影响相应的 Agent。Agent 可以使用建模模块和规划模块进行判断和分析,过滤和判断环境信息,减少控制流量的影响。

3)每个 DisWare 可密切地与外部环境和其他代理进行互动,使自己的建模模块、规划模块可以及时调整,让他们更适应环境的变化。

4)DisWare 具有可扩展的结构。代理结构中有许多功能模块接口。通过这些接口,代理可以灵活应用现有的面向对象的程序和代码,并具有良好的兼容性。

5)Agent 内核和功能组件能够分离,可根据需求在统一的框架下选取合适的功能组件接到 Agent 内核上,构成需要的 Agent。

DisWare 以基于 Agent 的计算和以 Agent 为主体的高层交互解决无线传感器网络异构性,以面向 Agent 的编程模型实现易用的、有表现力的编程接口,通过基于 Agent 的框架接口和符合应用需求的、自治模块化的 Agent 组件来满足架构于具有不同介质、不同电气特性、不同协议的基础网络和业务应用之间的无线传感器网络应用系统构建需求。

8.2.2 DisWare 中间件

基于 Agent 的无线传感器网络中间件 DisWare 系统实现方案是在 TinyOS 与 MantisOS 等基础上,实现 DisWare 发动机和代理错误处理模块、代理命令管理模块、管理模块、代理模块、环境管理 Agent 模块、信息管理模块、代理邻居元组空间管理组件、代理网络通信组件等教学实施,具体的执行过程中是不相同的,但其设计的目的是屏蔽原来的操作系统,然后扩大到超出原来的操作系统,构建一个基于 Agent 界面的框架,提供相同的指令集。应用层开发人员不需要在 TinyOS 平台下使用 nesC 语言进行编程,对于不需要使用 C 语言编程的 MantisOS 平台,可以使用一个统一的代理将无线传感器网络的应用程序进行开发,也可以使用编程模型的代理开发基于代码的无线传感器网络的代理应用程序,这时系统转换为代理的代码并通过代理代码编译程序指令。

在 DisWare 系统中,Agent 包含状态、代码和堆栈等共有的特性,状态控制着 Agent 的整个生命周期;代码部分与状态紧密相连,状态影响代码部分的运行,代码也可以修改 Agent 的状态;堆栈用于模拟虚拟存储器,负责存放代码执行时所产生的临时数据。Agent 所在节点具有一些基本的参数信息,如位置属性、邻居信息等,同时支持多个 Agent 的运行,并维护一个邻居信息列表。Agent 可以在节点之间进行迁移,迁移时 Agent 的状态和代码以及部分 Agent 资源都随着 Agent 移动到目的节点。但是节点的基本属性(如位置及邻居信息列表等)不会随着 Agent 迁移而迁移。另外,Agent 与 Agent 之间可以实现交流和协作,主要是通过申请共享的元组空间来完成的,对 TinyOS 和 MantisOS,该元组空间大小均是事先预分配的。

无线传感器网络中间件系统的 DisWare 是基于 Agent 的实现,它面向 Agent 编程模型的实现及其 JAL 编程框架体现在编译系统中 Agent 的代码。这个系统类似于编译器的功能,但它不是把 JAL 源代码编译为 java 的源程序,而是编译应用源代码文件为 Agent 程序指令代码。在具体实践中,DisWare 基于 Agent 的应用程序代码源文件与 JAL 源程序编写方法相同,所包括的文件有 X. event、X. plan、X. bel、X. cap、X. agent(X 为文件名)等,其中 X. event 为事件类源文件,X. plan 为规划类源文件,X. bel 为信念类源文件,X. cap 为能力类源文件,X. agent 为 Agent 类源文件。经过 Agent 代码编译系统编译后产生的程序指令代码文件与 Agilla 的 Agent 源程序格式相同,因为 DisWare 基于代理的框架接口采用了 Agilla 基本指令集,生成的文件是 X. ma。

8.3 DisWare 中间件平台软件 MeshIDE

无线传感器网络集成开发平台 MeshIDE 是面向 DisWare 中间件所开发的辅助中间件平台软件,它利用 Eclipse 插件开发的优越性,在 Eclipse 环境下采用 Java 语言编制并通过插件方式来运行,具有很高的独立性及可移植性。同时,MeshIDE 具有多扩展点,它可以很容易地扩展用户需求。本节将详细介绍中间件平台软件 MeshIDE。

8.3.1 无线传感器网络集成开发平台 MeshIDE 概述

无线传感器网络集成开发平台 MeshIDE 包括两大部分:第一部分是面向 nesC 的无线传感器网络集成开发平台 MeshIDE for TinyOS,它是面对无线传感器网络软件开发语言 nesC 的开发平台,解决了使用 nesC 语言进行无线传感器网络编程的问题;第二部分是面向 DisWare 中间件的无线传感器网络集成开发平台 MeshIDE for DisWare,主要为中间件代理编程提供平台,解决支持的中间件控制语言编程的问题。

由于该插件是用 Java 编制的,所以平台的可移植性比较好,能够在多种平台下运行。同时,Eclipse 本身定义了工作环境的许多扩展点,用户可以扩展和平台并行的功能,以增强平台对无线传感器网络中间件的支持能力。

在面向 nesC 的无线传感器集成开发平台 MeshIDE for TinyOS 中,用户可以方便地新建应用项目,具有平台定制的编辑器提供特定于应用程序的语义,更方便地实现用户编程。该平台为用户提供节点代码的导入、编写、开发、运行和编译等功能。MeshIDE for TinyOS 平台除了提供了良好的用户开发界面之外,还实现了可视化烧写,无需用户打开 Cygwin,只需选定相应选项即可完成通过串口烧写代码入节点的功能。

面向中间件的无线传感器集成开发平台 MeshIDE for DisWare 给用户提供了一个真正的无线传感器网络代理平台,支持 DisWare 中间件,提供一组 DisWare 功能开发透视图,主要包括开发 DisWare 功能层次视图、功能程序编辑环境、管理控制视图及提供各种扩展应用接口等。在平台中,可以很好地运行基于 DisWare 中间件的应用程序,可以直接调用该平台。该平台集控制向导、代码编辑、控制视图于一体,提供了良好的图形界面和辅助编辑器,方便用户基于无线传感器网络中间件的编程,具有普通平台的扩展特性,同时又兼有无线传感器网络中间件代理编程功能,是新型的无线传感器网络中间件代理平台。

下面主要简单介绍 MeshIDE for TinyOS 集成开发平台。

8.3.2　无线传感器网络集成开发平台 MeshIDE for TinyOS

无线传感器网络集成开发平台 MeshIDE for TinyOS 使用项目方式管理 nesC 应用开发,并提供了定制的 nesC 文本编辑器。

1. 优点

无线传感器网络集成开发平台 MeshIDE for TinyOS 主要具有以下 3 个优点:

1)可缩短无线传感器网络软件开发流程。一般的无线传感器网络软件开发没有定制的 nesC 编辑器,采用 Cygwin 的命令行方式进行代码编译发布,开发效率低。MeshIDE for TinyOS 使用项目开发模式,具有定制的 nesC 编辑器,可以方便地实现用户编程。MeshIDE for TinyOS 能够实现代码在平台中直接进行编译发布,简化了用户测试代码的过程。

2)具有可视化代码编译和发布功能。一般的无线传感器网络软件开发用命令行在模拟 Unix 的 Cygwin 环境下进行编译和发布,而 MeshIDE for TinyOS 能直接在平台上执行代码编译发布过程。

3)具有良好的用户界面和可用性。无线传感器网络集成开发平台 MeshIDE for TinyOS 是构建于 Eclipse 平台上的,具有良好的用户界面和可用性,对于熟悉 Eclipse 的应用程序开发人员更加容易上手。

2. 平台设计目标和功能

传感器网络按其功能抽象为五个层次,包括基本层(传感器组)、网络层(通信网络)、中间件层、数据处理与管理层、应用开发层。其中,无线传感器网络的中间件 DisWare 是应用程序员和无线传感器网络硬件之间的桥梁,而面向 nesC 的集成开发平台 Mesh IDE for TinyOS 需要为应用程序员提供一个友好的集成开发平台,产生节点代码的统一编译格式,并完成代码编辑、编译和发布处理功能。

Mesh IDE for TinyOS 在 Eclipse 平台环境上,利用插件开发的方法实现了一个项目生成向导。该平台是一个具有代码编辑功能的、多视图的集成开发平台,能形成一个友好的交互式的用户平台界面,并能向用户提供一些有效的信息。另外,需要将 MeshIDE 插件程序与 TinyOS Cygwin 环境结合起来,实现在 Eclipse 平台下进行代码编译的功能,即 Make 的过程能提供将编译好的代码发送到传感器节点上的功能。

3. 项目生成和属性

(1)项目生成

Mesh IDE for TinyOS 平台提供了一个项目(Project)生成向导,能够生成一个 Mesh IDE 项目,并能同时生成相关文档与文件;同时,该平台还提供了一个应用(Application)的生成向导,能够生成一组 nesC 的样本(Sample)文件。生成 Project 向导时,除了可以定义项目名称等属性外,还对应该项目生成一个目标(Target),显示在 Make Option for TinyOS 视图当中。此外,还需制作一个项目的首选项,提供修改 nesC 文件、修改染色的选项和自定义 doc 模板的功能。

(2)代码的编辑与管理

代码的编辑与管理主要由编辑器来完成,最基本的功能有代码的编辑、打开与保存。为了增强代码的可读性,可为编辑器增加代码分区、括号配对、不同区域、不同性质单词(Token)配色标记等功能,实现了一个词法分析的功能。

（3）代码的编译与发布

为完成代码的编译和发布，需建立 TinyOS Environment 模块，这个模块可以对 TinyOS Cygwin 进行操作。直接通过视图中的按钮来选择编译或发布的功能，不必通过打开 Cygwin 来将代码烧写到传感器节点中，实现可视化烧写。除平台中的 Make 视图看到的项目对应的 Target 之外，还需提供可以修改生成哪类节点、对应哪类节点、对应发布的端口号等选项，这些选项和 TinyOS Cygwin 节点发布功能中的选项是完全对应的，在菜单栏中也提供了一个弹出的 Cygwin 窗口按钮，可以直接启动 Cygwin，给熟悉 Cygwin 的高级用户提供代码发布和一些其他高级操作。

4. MeshIDE for TinyOS 模块设计

无线传感器集成开发平台 MeshIDE for TinyOS 插件主程序部分实现了在 Eclipse 平台下用插件开发 nesC 项目的用户平台，它主要由下面几个重要模块组成：

（1）项目生成向导模块

项目生成向导模块的功能是引导用户输入 MeshIDE for TinyOS 新的基本信息，并选择开发所需要使用的节点环境。可以选择创建新项目或打开一个已存在的项目。

（2）编辑器模块

编辑器模块的功能是在透视图中提供一个文本编辑区域，允许用户在工作台中编辑 nesC 代码。同时，它也可作为一般文本编辑器以普通文本的方式打开，如 project 或 makefile 之类的 ASCII 码文件。

（3）透视图模块

透视图在工作台窗口中提供了一个额外的组织层。当用户在任务间移动时，它们可以在透视图之间切换。透视图定义了视图集合、视图布局和用户第一次打开透视图所使用的可视化操作集。为了方便项目开发的 MeshIDE for TinyOS 的应用，需提供一个 MeshIDE for TinyOS 任务的透视图，其中包括编辑器和 Make Option 视图等。

（4）编译模块

编译模块是进行代码编译操作启动的模块，它监听用户单击 Make 动作，并获取 Make 的参数，通过 IEnvironment 接口与 TinyOS Environment 进行信息交互。它主要包括 Make Option 视图中的 Make、Install、Reinstall 等按钮和 Make 的各种参数选项下拉菜单。

（5）配置模块

配置模块包括配置编译环境的属性页和项目首选项两部分。首选项扩展点允许插件 Eclipse 首选项机制添加新的首选项作用域和指定要运行的类,以便在运行时初始化默认首选项值。

5. TinyOS Environment 编译环境模块设计

TinyOS Environment 模块的主要功能是与 MeshIDE for TinyOS 和 TinyOS Cygwin 的环境进行交互,提供代码编译和发布的功能。在编译或发布代码时,将使用一个执行模块,通过使用操作系统进程来操作 TinyOS Cygwin。这个执行模块同时通过执行 TinyOS Cygwin 来获取相应的平台和 Make 操作的 Extra 选项信息。TinyOS Environment 模块主要包括环境模块和执行模块。

(1)环境模块

环境模块是 MeshIDE for TinyOS 与 TinyOS Environment 的接口,实现了 meshIDE. ep 包中的三个接口。通过这个模块,可以实现 MeshIDE for TinyOS 和 TinyOS Environment 环境的信息交互。无论在编译代码、发布代码或者在获得节点编译参数的过程中,都需要环境模块和 MeshIDE for TinyOS 中的接口进行数据传递,这些功能都是由该模块实现的。

(2)执行模块

执行模块的主要功能是执行节点编译和发布的具体操作,即主要用于执行 Make 操作。该模块控制了 Make 操作中的主要过程,提供异常处理和编译信息返回。该模块由编译引擎启动,用操作系统进程 TinyOS Cygwin 控制,发送编译所需的命令行至 TinyOS Cygwin 环境中进行编译和发布。

6. MeshIDE for TinyOS 平台运行

MeshIDE for TinyOS 集成开发环境作为 Eclipse 的插件在执行开发任务时必须启动 Eclipse 平台。MeshIDE for TinyOS 集成在 Eclipse 当中具有良好的用户界面,对于熟悉 Eclipse 的开发人员更加容易熟悉其使用。在使用 MeshIDE for TinyOS 时,需要打开 MeshIDE 透视图。

(1)创建 MeshIDE 工程

单击"文件"→"新建"→"项目"命令,命令选择 MeshIDE Wizard→New MeshIDE Project Wizard。

新建 MeshIDE 项目后,项目中自动生成 project 和 makefile 文件,注意不会生成 . nc 文件。用户可自己创建 nesC 文件,也可从文件系统中导入一个 nesC 应用。导入 nesC 文件到工程中的过程为:单击"文件"→"导入"→"文件系统"命令,选择路径\DisWareNesC_vl. O\DisWare,将 DisWare_NesC

中的文件导入到该项目中。

（2）查看项目属性和首选项

在所建项目上右击，在弹出的菜单中选择"属性"选项，选择属性框中 MeshIDE 环境，选择项目所使用的环境。单击"文件"→"窗口"→"首选项" 命令，选择 MeshIDE Editor Preference 可以调整 MeshIDE 的首选项，其中 包括基本选项、背景着色方案、文本着色方案和 doc 文本模板 4 个页面。

8.4　无线多媒体传感器网络中间件技术

8.4.1　无线多媒体传感器网络概述

从广义上讲，无线多媒体传感器网络覆盖传统的数值（传统的标量传感器网络），图像传感器网络（传感器网络图像），音频/视频传感器网络（音频和视频传感器网络）、视觉传感器网络（多媒体传感器网络），以及以上单类型传感器网络的混合。

无线多媒体传感器网络（Wireless Multimedia Sensor Networks, WMSN）可以实现信息量丰富的图像、音频和视频等多媒体的监控。传感器网络一般由具有计算、存储以及通信能力的多媒体传感器节点（配有摄像头、麦克风和其他传感器）组成。它只有通过分布式传感网络的组织形式，才能收集、处理网络覆盖面积之内的音频和视频、多媒体信息传输静态图像和数据等。

8.4.2　无线多媒体传感器网络中间件的特点

无线多媒体传感器网络中间件是无线多媒体传感器网络操作系统（包括底层通信协议）与各种分布式应用之间的软件层。其主要任务是建立多媒体节点与分布式软件模块之间的互操作机制，屏蔽底层分布式环境的复杂性和异构性，为上层多媒体节点应用软件提供操作和开发环境。WMSN 中间件应该具有以下特征：

1）由于节点的能量、计算量、存储容量和通信带宽资源有限，因此多媒体传感器网络中间件必须是轻量级的。另外，考虑到节点和网络的实际资源调度，中间件还应该提供一种资源分配机制，以优化整个系统的性能并实现性能和资源消耗之间的平衡。

2)由于增加了多媒体传感信息元素,网络整体规模和各个节点功能相应增强,大大增加了网络的部署、配置和维护成本。因此,无线多媒体传感器网络中间件技术将为上层应用提供更强大的容错、自适应和自维护能力。

3)由于无线多媒体传感器网络需要获取连续、实时的多媒体数据流和多种信息,因此对一般无线传感器网络的 QoS 要求较高。这就迫切需要中间件软件来提供高效可靠的 QoS 保证机制来满足网络的特定需求。

4)无线多媒体传感器网络的数据采集和处理能力需要更加完善和强大。多媒体传感器网络的中间件软件需要在原有无线传感器网络的基础上进一步压缩节点和网络的冗余信息。改进多类型传感器数据的融合和聚合机制,以达到降低网络成本和减少能源消耗的目标。

5)由于多媒体传感器引入后的网络不确定性因素将进一步改善,无线多媒体传感器网络中间件需要进一步增强网络的自适应能力,支持网络的动态扩展,并提供容错支持。确保多媒体传感器网络的稳健性和健壮性。

6)考虑到网络节点的多样性,为了促进多媒体传感器网络应用的发展,中间件软件应为开发者提供异构计算设备的统一系统视图,并提供多媒体节点编程抽象或系统服务,单个节点设备只保留最小的功能。

因此,只有基于强大而灵活的中间件构建的无线多媒体传感器网络才有可能将网络的底层与多种类型的数据传感、短程无线通信、自组织网络和多数据协作隔离开来,充分发挥处理等方面技术优势。

8.4.3　基于 Agent 的无线多媒体传感器网络中间件的体系结构

多样异构的多媒体信息、大数据量的图像和音视频、复杂多样的数据格式、高速流媒体传输需求、无线多媒体传感器网络节点以及网络资源和能力严重受限都大大增加了无线多媒体传感器网络应用系统开发的复杂度和难度。因此,必须开发灵活的、开放的以及具有根据应用需求和网络状态进行自配置、自愈合和自适应能力的无线多媒体传感器网络中间件。

无线多媒体传感器网络中间件基于反射机制并具有可扩展的结构。通过代理的应用程序编程接口库以及代理系统的底层抽象和整合,面向应用的服务组件、服务适应和面向 Agent 的应用程序编程接口库,它们在无线多媒体传感器网络的硬件和软件基础平台的代理适合无线多媒体传感器网络应用系统组件的选择系统的开发,这需要用到中间件提供的灵活的抽象和服务组件库;在发动机支架反射模式下,为网络环境下的应用需求进行判断和分析;为了实现自我配置和自适应优化,多媒体传感器网络中间件在动态环境和应用需求方面具有多样性。无线多媒体传感器网络中间件系统

Agent 抽象和服务构件库由可以选择基于中间件的组件组成,包括系统和算法模块的行为描述、功能模块、多媒体数据处理服务组件等各种类型的网络资源管理可重用服务应用模块。

面向应用的 WMSN 中间件反射工作模式与虚拟机组件抽象主要体现在以下 3 个方面。

(1)面向应用的无线多媒体传感器网络中间件反射工作模式和虚拟机组件的抽象

面向应用的无线多媒体传感器网络中间件不仅需要保证节点和网络的透明性,还要负责传感器节点和网络系统的资源管理、多媒体数据的处理、动态环境的分析以及支持通用的分布式应用程序。一定的开放性确保了无线多媒体传感器网络中间件的功能具有适应网络环境变化和各种无线多媒体传感器网络应用需求的自适应能力,解决了无线多媒体传感器的可扩展性和异构性网络在大规模的分布式环境中动态性问题。面向应用的无线传感器网络中间件反射模式抽象和维护的中间件虚拟机组成部分抽象可以显式表示内部结构,基于网络的现状、自身运行环境和各种不同的应用需求的中间件,可以对反射式中间件的形式进行完整的自适应优化。应用无线多媒体传感器网络中间件反射模式和虚拟机组装抽象代理节点。基于元数据模型和本体中间件理论的结构特征建立虚拟机组件,使中间件能够被形式化表述和理解。这为基于网络环境、状态和应用需求的中间件形式化推理和反射自适应优化提供了前提。

(2)WMSN 中间件 Agent 运行环境支撑技术

无线多媒体传感器网络中间件 Agent 运行环境支撑技术提供支撑 Agent 运行和基于 Agent 的中间件反射推理自适应优化的轻量级平台,主要包括 Agent 的运行引擎、Agent 管理、Agent 上下文管理、Agent 发送和接收、Agent 通信与交互、基于 Agent 和上下文感知的反射推理技术。

(3)WMSN 中间件基于 Agent 的编程模型与应用开发方法

基于 Agent 的无线多媒体传感器网络编程模型包括一个全新的软件设计框架和方法。它将在一个开放、可扩展、自适应、自配置、自我集成的无线多媒体传感器网络环境中整合新的商业模式。网络特点、设计更符合实际应用软件。在基于代理的无线多媒体传感器网络编程模型中,无线多媒体传感器网络由具有特定信念、期望、意图和能力的代理组成。每个节点在部署后自行决定或通过与其他节点的交互决定行为。在无线多媒体传感器网络中,对应于不同的应用、网络协议、算法和个人能力,一些代理可以清晰地建立自己的世界模型并推断相关模型;其他 Agent 模型可能与硬件相关联并分布在整个代理网络体系结构中。无线多媒体传感器网络的组件

Agent 可以认为由 4 部分组成：状态、控制逻辑、感知器和效应器。每个代理都有自己的状态，每个代理都有一个控制逻辑，这构成它自己的行为意识。现有的无线多媒体传感器网络节点都是自主计算实体，每个代理具有用于感测环境的传感器，即具有根据环境状态改变其自身状态的功能，无线多媒体传感器网络节点使用多媒体传感器感知环境信息，或者接收控制消息和通过无线通信模块获取其他节点的环境信息。每个 Agent 都有一个关于环境的效应器，可以用于改变环境状态。

8.5 支持多应用任务的 WSN 中间件的设计

随着无线传感器网络应用技术的不断发展，系统的复杂度也在不断提高。提出了一种具有多种应用任务的无线传感器网络。简单的无线传感器网络应用已经不能满足综合应用部署的需要。因此，有必要设计并实现一个同时支持多个应用任务的中间件平台，并动态加载各种应用程序任务。

8.5.1 多应用任务的 WSN 中间件的系统架构设计

1. 多应用任务的 WSN 中间件系统模型

无线传感器网络系统通常包括硬件、操作系统和应用程序。硬件包括感知模块、单片机模块和通信模块。操作系统和应用软件是软件，中间件是运行在操作系统和应用程序之间的系统软件。

无线传感器网络中间件由多个组件组成，它们为应用提供相应的服务功能。它可以是一个组件提供一个服务，也可以是多个组件提供一个服务，或者一个组件提供多个服务。

最后，它通过统一的应用程序开发接口（API）提供给用户。

2. 系统架构设计

在整个无线传感器网络系统中，无线传感器网络节点主要是为基站或网关实现数据的感知和采集功能，在整个无线传感器网络系统中，用户的消息可以提供相应的支持。因此，可以在无线传感器网络节点上建立相应的功能组件，协调中间件平台的功能，为应用程序任务的执行提供服务。根据无线传感器网络中间件平台的特点，将中间件分为两个子系统：控制管理子系统和应用运行子系统。整个系统的体系结构、各个子系统和各子系统的组成部分。

多应用程序任务的无线传感器网络中间件组件的功能如下：

1）消息接收组件：从基站或网关接收用户消息。这些消息包括两种类型：控制节点和控制应用程序任务的应用程序级消息和节点级消息。这些消息的优先级分为高优先级和普通优先级。将高优先级消息直接发送到应用程序管理组件，并将普通级消息发送到缓存进行处理。

2）消息缓存组件：缓存普通级别的消息。一个节点只有一个 MCU，只有一条消息可以同时处理。缓存一个接一个的消息以保证消息的可靠处理。等待的原则是先到先得。等待应用程序管理组件将消息分发给应用程序任务，或将节点进行控制。

3）应用程序管理组件：负责处理和分发接收到的消息。当接收到高优先级消息时，中断当前处理工作，并且立即响应高优先级消息。消息分配方法为应用程序任务生成一个中断处理请求。通过状态查询组件的操作，可以获得整个节点的应用任务信息，从而对节点和应用任务进行管理。

4）消息分发组件：通过标准的应用程序编程接口，消息被转发到应用程序任务。在应用任务的开发过程中，必须事先引入接收中间件消息的接口。参数格式是在中间件开发手册中预定义的，这样可以准确地接收消息。

5）应用程序编程接口（API）：中间件平台必须为应用程序任务提供一个统一的、易于使用和标准的开发接口。以促进应用程序任务的开发并提高开发效率。

6）状态查询组件：为应用程序管理组件提供应用程序节点的状态信息，并通过查询应用程序任务信息表获取应用程序任务的状态。每个应用程序任务都具有启动、关闭或运行状态，在应用程序任务信息表中保留状态信息。

7）应用任务信息表：将任务的启动、关闭或运行的相关状态信息保存在节点上，在启动应用程序任务时记录注册信息，在运行时取消信息和运行时的采样频率。

8）状态注册组件：为应用程序任务提供标准的开发 API。当应用程序任务启动，关闭并运行时，它可以通过相应的 API 修改和维护应用程序任务信息表中的信息。

9）数据采集组件：负责掩蔽底层传感器的传感数据的读取。传感器有很多种类、产品和型号。在此，感测数据的类型主要是分类和封装，例如，温度、湿度和亮度，并且这些感测数据的读取操作被封装在统一的接口中，并且供任务开发和使用。

10）数据缓存组件：在发送数据的过程中，缓存应用程序等待，直到在完成任务感知之后才开始发送数据。该节点只有一个通信模块,并且只能同时处理一个传感数据的传输,并将生成的传感数据进行缓存,以保证网络上数据的可靠传输。

11)数据传输组件:负责屏蔽底层无线传感器网络传输协议,封装不同网络路由协议的数据传输接口。无线传感器网络中有许多不同于数据传输接口的路由协议。这些都在这里打包和管理,以便可以根据需要发送数据。

8.5.2 多应用任务的 WSN 中间件的系统实现

1. 系统整体实现

无线传感器网络中间件的内部组件与应用程序任务协同工作。首先,接收和缓存由基站或网关发送的消息,并且由管理组件从缓存中检索消息,并根据消息内容由节点级和应用程序级处理。如果是节点消息,则根据消息请求动态配置节点,应用任务调整和控制管理;如果是应用程序任务级别,则分配给相应的应用程序任务以自行操作。然后,每个应用任务组件根据该消息的需求实现相应的采集功能,并通过发送组件将感测到的数据发送给基站或网关。

节点启动时,它首先会初始化并启动一些默认的应用程序任务集,例如,温度感知的应用程序任务。当没有来自基站或网关的消息时,根据默认配置收集相关数据,然后发送到网关,或者节点设置为睡眠等待状态,不执行这项任务。当接收到来自基站或网关的消息时,根据消息,打开、关闭或重新编程应用程序任务执行相关的功能调整,并根据需要执行不同的操作。

2. 各子系统实现

(1)控制管理子系统

控制管理子系统的主要功能是接收和响应来自基站或网关的消息。无线传感器网络系统需要支持不同用户的各种需求,节点根据不同需求调整功能。

控制管理子系统的设计思想是,消息接收组件接收来自基站或网关的消息,并根据处理时间将它们划分为高优先级和公共级别的消息。公共消息存储在消息缓冲区中,需要立即以高优先级处理。应用程序管理组件根据第一优先服务原则将缓存的消息分配给相应的任务处理;对于高优先级消息,根据消息需求立即执行相应的操作。例如,在接收到的消息中,现有消息是一个高优先级的融合消息,需要及时处理。因此,它不输入消息缓冲组件并将其直接分发到应用程序任务组件。

系统启动后,初始化消息接收模块和消息缓存模块,然后等待来自基站或网关的消息。在控制管理子系统中,消息根据消息处理对象分为两类:节点级和应用任务级消息。节点级消息主要根据节点的操作来确定哪些应用程序任务是开放的和关闭的。应用任务级消息是根据用户的需要定制的。

首先,确定消息的老化时间,将普通消息存储在消息缓冲区中,将高优先级消息直接发送给应用程序管理组件,其次,决定是控制节点还是将其分发给相应的应用程序任务。应用程序管理组件从消息缓冲区中提取普通消息。如果它是一个节点级消息,比如,打开和关闭一个或多个应用程序任务,则会调用相应的函数来打开和关闭该操作;如果是应用任务级别,则将该消息分发给相应的应用任务,处理后发送给基站或网关。

(2)应用运行子系统

应用程序执行子系统的主要功能是执行数据感知功能的应用程序任务。由于无线传感器网络的应用是多样化的,并且只有一个通信单元,因此不可能同时发送多个送入的感知数据,因此需要执行缓冲和重传。应用程序任务同时运行并为通信单元生成资源竞争。因此,消息缓冲区以队列的形式工作,并且将产生数据排队,然后数据发送组件按照先到先服务的原则通过通信单元发送出去。

应用任务有很多种,如温度、湿度、亮度和其他感知应用任务。它们可以组合使用,也可以将多个感知应用程序任务组合到一个应用程序任务中。发送组件屏蔽底层硬件平台和所使用的网络协议。无论底层硬件使用的硬件节点还是使用的网络协议,都可以开发应用程序任务。

系统启动后,默认的采集应用程序任务,如温度传感应用程序任务,将首先初始化。应用程序任务接收传感数据,其次通过路由协议发送到基站或网关。控制管理子系统可以根据从基站或网关的用户信息,调整应用程序的任务,打开、关闭和重新编程一些应用任务。所有应用程序任务将检测到的数据存储在高速缓存中,并将其发送到远程基站或网关。

第9章 无线传感器网络的数据融合与管理技术

9.1 无线传感器网络的数据融合概述

9.1.1 无线传感器网络中的数据融合

数据融合的概念被提出用于多传感器系统。在多传感器系统中,信息的多样性、数据量的巨大性、数据关系的复杂性和数据处理的实时性、准确性和可靠性的要求已经远远超过人脑的信息处理能力,在这种情况下,多传感器数据融合技术应运而生。多传感器数据融合(MSDF)称为数据融合,也称为多传感器信息融合(MSIF)。这是 20 世纪 70 年代美国国防部首次提出的,之后,英国、法国、日本和俄罗斯也做了大量的研究。在过去的 40 年中,数据融合技术得到了极大的发展。随着电子技术、信号检测与处理技术、计算机技术、网络通信技术和控制技术的迅速发展,数据融合技术在现代科学的许多领域得到了应用,数据融合技术的地位也在不断提高。

数据融合的简单定义是:数据融合是数据处理过程,它使用计算机技术分析和综合从时间序列中获得的多个感知数据,以完成所需的决策和评估任务。

数据融合技术有三个含义:第一个含义是数据的全部空间,即数据包括有限的、模糊的、完整的空间和子空间,同步和异步,数字和非数字的,它是复杂的、多维的多源性,覆盖整个频段;第二个含义是数据融合不同于组合,组合是指外部特征,融合是指内部特征,它是一种数据在系统动态过程中的综合处理过程;第三个含义是数据的互补过程,包括数据的互补性,结构互补性,功能互补性,不同层次的互补性是数据融合的核心。只有补充数据的融合才能使系统发生质的飞跃。

　　数据融合的本质是对多维数据进行关联或综合分析,然后选择合适的融合模式和处理算法来提高数据质量,为知识提取打下坚实的基础。

9.1.2　无线传感器网络中数据融合的层次结构

　　通过多感知节点信息的协调和优化,数据融合技术可以有效地减少整个网络中不必要的通信开销,提高数据采集的准确性和效率。因此,传送已融合的数据要比未经处理的数据节省能量,可延长网络的生存周期。

1. 传感器网络节点的部署

　　在传感器网络数据融合结构中,比较重要的问题是如何部署感知节点。目前,感知网络节点有两种,最常用的拓扑是并行拓扑。在这种部署中,不同类型的感知节点同时工作。第一种类型是串行拓扑,其中检测数据信息是临时的。实际上,SAR(Synthetic Aperture Radar)图像就属于此结构。第二种类型是混合拓扑,即树状拓扑。

2. 数据融合的层次划分

　　大部分的数据融合都是基于具体问题及其具体对象来构建自己的集成水平。例如,一些应用将数据融合分为检测层、位置层、属性层、态势评估和威胁评估。针对输入/输出数据的特点,提出了一种基于输入/输出特征的融合层次描述方法。数据融合级别的分类没有统一的标准。

　　根据多传感器数据融合模型定义和传感器网络的自身特点,通常按照节点处理层次、融合前后的数据量变化、信息抽象的层次来划分传感器网络数据融合的层次结构。

9.1.3　基于信息抽象层次的数据融合模型

　　基于信息抽象层次的数据融合方法分为三类:基于像素(Pixel)级的融合、基于特征(Feature)级的融合和基于决策(Decision)级的融合。融合的水平依次从低到高。

1. 基于像素级的融合

　　基于像素级的融合流程为:经传感器获取数据→数据融合→特征提取→融合属性说明。

2. 基于特征级的融合

基于特征级的融合过程包括数据采集、特征提取、特征层融合和融合属性描述。

3. 基于决策级的融合

基于决策级的融合过程:通过传感器获取数据、特征提取、属性描述、属性融合和融合属性描述。

9.2 无线传感器网络的数据融合技术与算法

数据融合技术涉及复杂的融合算法、实时图像数据库技术和高速、大吞吐量数据处理等支撑技术。数据融合算法是融合处理的基本内容,它是一种利用不同数学方法在不同层次融合的基础上对多维输入数据进行聚类的方法。虽然多传感器数据融合还没有形成一个完整的理论体系和有效的融合算法,但许多应用领域已经根据各自的具体应用背景提出了许多成熟有效的融合算法。关于传感器网络的具体应用,也有许多具有实用价值的数据融合技术与算法。

9.2.1 传感器网络数据传输及融合技术

现在无线传感器网络已经成为一种潜在的测量工具。它是由微型、廉价和能量受限的传感器节点组成的多跳网络。它的目标是收集、处理和传输覆盖区域内的信息。然而,传感器节点的体积小且更换电池不便,如何有效地利用能量和提高传感器的生命周期是传感器网络面临的关键问题。

1. 传统的无线传感器网络数据传输

(1)直接传输模型

直接传输模型是指传感器节点将采集到的数据以较大的功率经过一跳直接传输到 Sink(汇聚)节点上集中处理。这种方法的缺点是:传感器节点发送数据到远距离汇聚节点需要很大的发送功率,并且传感器节点的通信距离是有限的。在通信距离较大的节点上,需要花费大量的能量来完成与汇聚节点的通信,容易导致节点能量迅速耗尽,这样的传感器网络在实际中很难应用。

（2）多跳传输模型

多跳传输模型类似于 Ad Hoc 网络模型。每个节点不处理数据本身，而是调整传输功率。它将测量数据传输到汇聚节点，然后通过较少功率的多跳传输模型集中处理。多跳传输模型很好地改善了直接传输的缺陷，使能量利用更为有效。这是传感器网络得到广泛使用的前提。

这种方法的缺点是，当网络较大时，路径交叉处的节点以及距离汇聚节点较近的节点，除了传输自身的数据外，还充当中间层。在这种情况下，这些节点的能量将很快耗尽。这显然不是基于节省能量的传感器网络的有效方法。

2. 无线传感器网络的数据融合技术

在大规模无线传感器网络中，各传感器的监测范围和可靠性有限，在传感器节点的布置中，有时使传感器节点的监测范围相互重叠，以提高网络信息采集的鲁棒性和准确性。然而，无线传感器网络中的感测数据将具有一定的空间相关性，即相近距离的节点传输的数据具有一定的冗余度。在传统的数据传输方式中，每个节点都会传输包含大量冗余信息的所有传感信息，也就是说，相当一部分能量被用于不必要的数据传输。传感器网络中数据传输的能量消耗远远大于处理数据的能量消耗。因此，在大规模无线传感器网络中，每个节点在发送数据之前先对数据进行融合是非常必要的。

（1）集中式数据融合算法

1）分簇模型的 LEACH 算法。为了改善热点问题，Wendi Rabiner Heinzelman 等提出了利用分簇的无线传感器网络的概念，将网络划分为不同的层次：LEACH 算法通过一种方式周期性随机选举簇头，簇头通过无线信道广播信息进行集群，节点检测信号并选择信号最强的簇头加入，从而形成不同的簇。簇头之间的连接构成上层骨干网络，所有集群通信都通过骨干网转发。集群成员将数据传输到簇头，簇头节点再将数据转移到上级簇头直到汇聚节点。该方法降低了节点的传输功率，减少了节点间不必要的链路和干扰，实现了网络内能量消耗的均衡，从而达到延长网络寿命的目的。

该算法的缺点是集群的实现和簇头的选择需要花费相当大的代价，集群中的成员过于依赖簇头进行数据传输和处理，使得簇头能耗非常快。为了避免簇头的能量消耗，需要频繁地选择簇头。同时，簇头和簇成员是点对多点单跳通信，其可扩展性差，不适合大规模网络。

2）PEGASIS 算法。Stephanie Lindsey 等基于 LEACH 算法提出了 PEGASIS 算法。该算法假定网络中的每个节点是同构的、静态的，节点通过通信获得与其他节点的位置关系。每个节点通过贪婪算法找到与其最近邻居的连接,使整个网络形成一个链。

数据总是在节点与其邻居之间传输,节点通过多跳传送数据到接收器。PEGASIS算法的缺点也很明显:首先,每个节点必须知道其他节点的网络位置信息;其次,链头节点作为一个瓶颈节点,它的作用是很重要的,如果它运行的能源耗尽,其相关的路由会就失效;最后,长链会导致较高的传输延迟。

(2)分布式数据融合算法

规则的传感器网络拓扑相当于图像,这样就获得了一种将小波变换应用于无线传感器网络的分布式数据融合技术。

1)规则网络情况。Servetto首先研究了小波变换的分布式实现,并将其用于解决无线传感器网络中的广播问题。美国南加州大学的 A. Ciancio进一步研究了无线传感器网络中的分布式数据融合算法,引入 Lifting 变换,提出了一种基于 Lifting 的规则网络中分布式小波变换数据融合算法 DWT_RE,并将其应用于规则网络中。网络中节点规则分布,每个节点只与其相邻的左右两个邻居进行通信,对数据进行去相关计算。DWT_RE 算法的实现分为两步:第一步,奇数节点接收到来自它们偶数邻居节点的感测数据,并经过计算得出细节小波系数;第二步,奇数节点把这些系数送至它们的偶数邻居节点以及 Sink 节点中,偶数邻居节点利用这些信息计算出近似小波系数,也将这些系数送至 Sink 节点中。

小波变换在规则分布网络中的应用是数据融合算法的重要突破,但是实际应用中节点分布是不规则的,因此需要找到一种算法解决不规则网络的数据融合问题。

2)不规则网络情况。莱斯大学的 R. Wagner 在其博士论文中首次提出了一种不规则网络环境下的分布式小波变换方案,即 Distributed Wavelet Transform_IRR(DWT_IRR),并将其扩展到三维情况。莱斯大学的 COMPASS 项目组已经对此算法进行了检验,下面对其进行介绍。DWT_IRR 算法是建立在 Lifting 算法的基础上的,它的具体思想如图 9.1~图 9.3 所示,整个算法分成 3 步:分裂、预测和更新。

该算法依赖于一个节点在一定范围内与邻居通信。经过多次迭代后,节点之间的距离进一步扩大,小波也由细尺度变为粗尺度。近似信息集中在几个节点上,细节信息集中在大多数节点上,从而实现网络数据的稀疏变换。通过对小波系数进行筛选,将所需信息用 lifting 反变换代替,可应用于有损压缩处理。其优点是:充分利用感测数据相关性,进行有效的压缩变换,分布式计算、无中心节点,避免了热点问题;原有的网络瓶颈节点和簇头节点能量达到了整个网络的平均值,充分发挥了节能、延长网络寿命的作用。

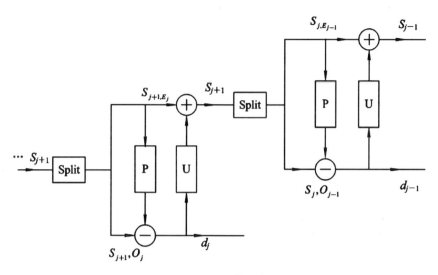

图 9.1　总体思想

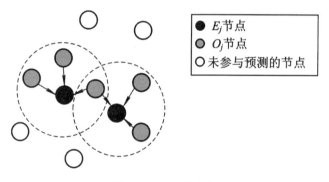

图 9.2　预测过程

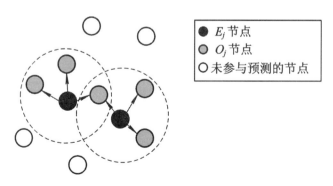

图 9.3　更新过程

该算法存在一些设计缺陷:第一,必须知道整个网络节点的位置信息;第二,虽然最终的通信数据和汇聚节点数量减少,但在相邻节点之间的本地信号处理中存在大量额外开销,导致本地通信中的大量能源消耗。对于网络密度越大、相关性越强的网络,算法的效果越好。

9.2.2 多传感器数据融合算法

多传感器数据融合技术是近年来发展起来的实用和应用技术。这是一项多学科新技术。它涉及信号处理、概率统计、信息论、模式识别、人工智能、模糊数学等多个领域。多传感器融合技术已成为军事、工业和高新技术发展的一个热点。这种技术被广泛应用于 C3I(指挥、控制、通信和情报)系统、复杂工业过程控制、机器人领域,自动目标识别、交通控制、惯性导航、海洋监测与管理、农业、遥感、医学诊断、图像处理、模式识别等。

1. 多传感器数据融合原理

(1)多传感器数据融合的概念

数据融合又称为信息融合或多传感器数据融合。多传感器数据融合的定义是:充分利用不同的时间和空间的多传感器数据资源,运用计算机技术,根据时间的多传感器观测、分析、合成序列获取数据,在一定准则下使用控制,进行解释和描述对象的一致性,进而实现相应的决策和估计,使系统获得比它的各组成部分更充分的信息。

(2)多传感器数据融合的原理

多传感器数据融合技术的基本原理就像人脑综合处理信息一样,充分利用多个传感器资源,通过对多传感器及其观测信息的合理支配和使用,把多传感器在空间或时间上冗余或互补信息依据某种准则来进行组合,以获得被测对象的一致性解释或描述。具体地说,多传感器数据融合原理如下:

1)N 个不同类型的传感器(有源或无源的)收集观测目标的数据;

2)对传感器的输出数据(离散的或连续的时间函数数据、输出矢量、成像数据或一个直接的属性说明)进行特征提取的变换,提取代表观测数据的特征矢量 Y_i;

3)对特征矢量 Y_i 进行模式识别处理(如聚类算法、自适应神经网络或其他能将特征矢量 Y_i 变换成目标属性判决的统计模式识别法等)完成各传感器关于目标的说明;

4)将各传感器关于目标的说明数据按同一目标进行分组,即关联;

5)利用融合算法将每一目标各传感器数据进行合成,得到该目标的一致性解释与描述。

2. 多传感器数据融合方法

利用多个传感器所获取的关于对象和环境全面、完整的信息，主要体现在融合算法上。

对于多传感器系统来说，信息具有多样性和复杂性，因此，对信息融合方法的基本要求是具有鲁棒性和并行处理能力。此外，还要考虑运算速度和精度、与前续预处理系统和后续信息识别系统的接口性能、与不同技术和方法的协调能力、对信息样本的要求等。一般情况下，如果基于非线性的数学方法具有容错性、自适应性、联想记忆和并行处理能力，则都可以用来作为融合方法。

虽然多传感器数据融合还没有形成一个完整的理论体系和有效的融合算法，但由于其特定的应用背景，在许多应用领域中已经提出了许多成熟有效的融合方法。多传感器数据融合的常用方法基本上可以分为两类：随机类方法、人工智能类方法。随机的方法是加权平均法、卡尔曼滤波法、多贝叶斯估计法、Dempster Shafer(D-S)证据推理，产生式规则；人工智能类有模糊理论、神经网络、粗糙集理论的专家系统等。可以预见，神经网络和人工智能等概念和新技术将在多传感器数据融合中发挥越来越重要的作用。

（1）随机类方法

1）加权平均法。最简单直观的信号电平融合方法是加权平均法。该方法对一组传感器提供的冗余信息进行加权平均，并将结果作为融合值。此方法是对数据源操作的直接方法。

2）卡尔曼滤波法。卡尔曼滤波主要用于低层次实时动态多传感器冗余数据的融合。该方法利用测量模型的统计特性来确定统计意义上的最优融合和数据估计。如果系统具有线性动力学模型，系统与传感器之间的误差符合高斯白噪声模型，卡尔曼滤波将为融合数据提供唯一的最优估计。卡尔曼滤波器的递归特性使系统在不进行大量数据存储和计算的情况下进行处理。

3）多贝叶斯估计法。多贝叶斯估计为数据融合提供了一种手段，是静态环境下多传感器高层次信息融合的常用方法。它使得传感器信息基于概率组合原理，以条件概率表示测量不确定度，当观测组坐标一致的传感器时，可以直接对传感器数据进行融合，但在大多数情况下，传感器测量数据通过间接估计进行数据融合。

多贝叶斯估计将每一个传感器作为一个贝叶斯估计，将各个单独物体的关联概率分布合成一个联合的后验的概率分布函数，通过使用联合分布函数的似然函数为最小，提供多传感器信息的最终融合值，融合信息与环境的一个先验模型提供整个环境的一个特征描述。

4）D-S证据推理方法。证据推理是贝叶斯推理的延伸，其基本要点是基本概率赋值函数、信任函数和似然函数。该方法的推理结构是自上而下的，分为三个层次。第一个层次是目标合成，其作用是从独立传感器的观测结果中综合出总的输出结果。第二个层次是推理，其作用是获取传感器的观测结果和外推，并将传感器观测扩展到目标报告。基于这种推理的是：一些传感器报告在某种可信度上会产生一定的逻辑目标，报告可信；第三级为更新，各种传感器通常存在随机误差，一组连续的报告在时间上完全独立于来自同一传感器时的可靠度，比任何单一的报告都要可靠。因此，在进行推理和多传感器综合之前，首先要把传感器的观测数据结合起来。

5）产生式规则。产生式规则使用符号表示目标特性和相应传感器信息之间的关系，并且与每个规则相关联的置信因子表示其不确定性。当两个或多个规则在同一逻辑推理过程中形成一个联合规则时，就可以生成融合。使用产生式规则融合的主要问题是每个规则的置信因子的定义与系统中其他规则的置信因子有关。如果将新传感器引入系统，则应添加附加规则。

（2）人工智能类方法

1）模糊逻辑推理。模糊逻辑是多值逻辑，通过指定一个0～1的实数表示真实度，等价于隐含算子的前提。它允许在推理过程中直接表达多传感器信息的不确定性。如果采用系统方法对融合过程中的不确定性进行建模，就可以产生一致性模糊推理。与概率统计相比，模糊逻辑有许多优点。它在一定程度上克服了概率论所面临的问题，对信息的表示和处理更接近于人的思维方式。一般来说，它适用于高层次的应用（如决策）。但是，模糊逻辑推理本身还不够成熟和系统化。另外，模糊逻辑推理对信息的描述存在很多主观因素，信息的表示和处理缺乏客观性。

模糊集合理论用于数据融合的实际价值是将其推广到模糊逻辑中。模糊逻辑是一种多值逻辑。成员可以被视为数据真实值的不精确表示。在模糊逻辑推理过程中，不确定性的存在可以用模糊逻辑直接表示。然后应用多值逻辑推理，根据模糊集理论中的各种演算组合各种命题，从而实现数据融合。

2）人工神经网络法。神经网络具有较强的容错性、自学习、自组织和自适应能力，能够模拟复杂的非线性映射。神经网络的特点和强大的非线性处理能力满足了多传感器数据融合技术的要求。在多传感器系统中，信息源所提供的环境信息在一定程度上是不确定的。整合这些不确定信息的过程实际上是一个不确定推理过程。

神经网络以当前网络所接受的样本相似度为基础，确定网络的分类标准,主要体现在网络中。

同时,利用网络特有的学习算法获取知识,得到不确定性推理机制。利用神经网络的信号处理能力和自动推理功能,实现了多传感器数据融合。

9.2.3　传感器网络数据融合的路由算法

1. 无线传感器网络中的路由协议概述

(1)无线传感器网络的特点

无线传感器网络与一般的通信网络和自组织网络有很大的区别,因此对网络协议提出了许多新的挑战。

1)由于无线传感器网络中节点数目众多,所以无法在网络中为每个节点建立唯一的标识。因此,一个典型的基于 IP 的协议不能应用于无线传感器网络。

2)与典型的通信网络不同的是,无线传感器网络需要将数据从多个源节点传输到汇聚节点。

3)在传输过程中,许多节点发送相似的数据,需要对这些冗余信息进行过滤,以保证能量和带宽的有效利用。

4)传感器节点的传输容量、能量、处理能力和存储能力都非常有限。同时,网络具有节点数量大、动态性强、感知数据量大等特点,需要对网络资源进行良好的管理。

根据这些差异,无线传感器网络有许多新的路由算法。这些算法都是针对网络的应用和组成进行研究的。几乎所有的路由协议都是以数据为中心的。

(2)以数据为中心的路由

传统的路由协议通常是在无线传感器网络中作为节点和路由符号的基础,大量随机部署的节点,关注的是感知数据的监测区域,而不是特定节点获取信息,不依赖于整个网络的唯一标识。当有事件发生时,特定传感范围内的节点将检测并开始收集数据。这些数据将被发送到接收器节点进行进一步处理。上述描述称为事件驱动应用程序。在这个应用程序中,传感器被用来检测特定事件。当某一特定事件发生时,原始数据在发送之前被收集和处理。首先,将本地原始数据融合在一起,然后将融合数据发送到聚合节点。在反向组播树中,每个非叶节点都具有数据融合功能。这个过程称为以数据为中心的路由。

(3)数据融合

在以数据为中心的路由中,数据融合技术利用抑制冗余、最小、最大和平均计算操作,将来自不同数据源的相似数据结合在一起,通过数据融合可以简化传输次数,从而节省能源,延长传感器网络的生命周期。在数据融合中,节点不仅可以简化数据,还可以根据特定数据将多传感器节点生成的数据集成到有意义的信息中,以提高信息的准确性,增强系统的健壮性。

2. 几种基于数据融合的路由算法

下面对近几年比较新型的、基于数据融合的路由算法 MLR、GRAN、MFST 和 GROUP 等进行详细分析。

(1)MLR 算法

MLR(Maximum Lifetime Routing)是基于地理位置的路由协议。每个节点将自己的邻居节点分为上游邻居节点(离 Sink 节点较远的邻居节点)和下游邻居节点(离 Sink 节点较近的邻居节点)。节点的下跳路由只能是其下游邻居节点。

在此模型中,节点 i 对上游邻居节点 j 传送的信息进行两种处理:如果是上游产生的源信息则用本地信息对其进行融合处理,如果是已经融合处理过的信息则选择直接发送到下一跳,即每个节点产生的信息只经过其下游邻居节点的一次融合处理。

MLR 中将数据融合与最优化路由算法结合到一起,减少了数据通信量,一定程度上改善了传感器网络的有效性。其不足之处是:在传感器网络中,每个节点均具有数据融合功能,但数据融合仅存在于邻居节点的一跳路由中,而且不能对数据进行重复融合,当传感器网络中的数据量增大时,其融合效率不高。

(2)GRAN 算法

GRAN(Geographical Routing with Aggregation Nodes)算法也将数据融合应用到地理位置的路由协议中,而且假设每个节点都具有数据融合功能,不同之处在于数据融合方法的实现。MLR 中的数据融合在下一跳中进行,而 GRAN 算法另外运行一个选取融合节点的算法 DDAP(Distributed Data Aggregation Protocol),随机选取融合节点。GRAN 算法通过在路由协议中另外运行选取数据融合节点的算法,兼顾了数据量的减少和能耗的均匀分布,较好地达到了延长传感器网络生存时间的目的,但其 DDAP 算法的运行,一定程度上影响了路由算法的收敛速度,不适合实时性要求较高的传感器网络。

(3)MFST 算法

MFST(Minimum Fusion Steiner Tree)路由算法将数据融合与树状路由结合起来,数据融合仅在父节点处进行,且可以对数据重复融合。子节点可能在不同时间向父节点发送数据,如父节点在时刻 1 收到子节点 A 发送的数据,用本地数据对其进行数据融合处理,在时刻 2 收到子节点 B 发送的数据,对其进行再次融合。MFST 算法有效地减少了数据通信量。

(4)GROUP 算法

GROUP(Gird-clustering Routing Protocol)是一种网格状的虚拟分层路由协议。其实现过程为:由汇聚节点(假设居于网络中间)发起,周期性地动态选举产生呈网格状分布的簇头,并逐步在网络中扩散,直到覆盖到整个网络。在此路由协议基础上设计了一种基于神经网络的数据融合算法NNBA(Neural-Network Based Aggregation)。该数据融合模型是以火灾实时监控网为实例进行设计的。由于是在分簇网络中,数据融合模型被设计成三层神经网络模型,其中输入层和第一隐层位于簇成员节点,输出层和第二隐层位于簇头节点。

根据这样一种三层感知器神经网络模型,NNBA 数据融合算法首先在每个传感器节点对所有采集到的数据按照第一隐层神经元函数进行初步处理,其次将处理结果发送给其所在簇的簇头节点;簇头节点再根据第二隐层神经元函数和输出层神经元函数进行进一步的处理;最后,由簇头节点将处理结果发送给汇聚节点。

(5)4 种基于数据融合的路由算法比较与分析

在数据融合的模型中,平面型路由协议中的数据融合方法可以概括为两种:一种是在传感器节点对其产生的原数据进行压缩;另一种是在路由中通过中间节点进行压缩,或者这两种方法的结合。此类路由协议由于路径中传感器节点距离较远,空间相似性不是很明显,所以数据融合的效果一般情况下没有层次型路由效果好,而且层次型路由可以更好地依据实际数据情况对融合算法模型进行调整。

9.3　无线传感器网络的数据管理技术

9.3.1　传感器网络中的数据管理概述

1. 以数据为中心的无线传感器网络数据库

传感器网络中,各个分布的节点通过监测周围环境不断产生大量的感知数据。而传感器节点一般比较简单,无法像传统的分布式数据库那样管理数据。如何存储、传输和访问这些数据,成为制约传感网应用的关键。

对于用户来说,传感器网络的核心是感知数据,而不是网络硬件。用户感兴趣的是传感器产生的数据,而不是传感器本身。用户经常会提出如下的查询:"网络覆盖区域中哪些地区出现毒气""某个区域的温度是多少",而不是"如何建立从 A 节点到 B 节点的连接""第 27 号传感器的温度是多少"。

综上所述,传感器网络是一种以数据为中心的网络,不同于以传输数据为目的的通信网络。对数据的管理和操作,成为传感器网络的核心技术。

2. 数据管理的概念

以数据为中心的传感器网络,其基本思想是把传感器视为感知数据流或感知数据源,把传感器网络视为感知数据空间或感知数据库,把数据管理和处理作为网络的应用目标。

数据管理主要包括对感知数据的获取、存储、查询、挖掘和操作,目的就是把传感器网络上数据的逻辑视图和网络的物理实现分离开来,使用户和应用程序只需关心查询的逻辑结构,而无须关心传感器网络的实现细节。

对数据的管理贯穿于传感器网络设计的各个层面,从传感器节点设计到网络层路由协议实现以及应用层数据处理,必须把数据管理技术和传感器网络技术结合起来,才能实现一个高效率的传感网,它不同于传统网络采用分而治之的策略。

3. 传感器网络数据管理系统结构

目前,针对传感器网络的数据管理系统结构主要有集中式结构、半分布式结构、分布式结构和层次式结构 4 种类型。

1)集中式结构。在集中式结构中,节点首先将感知数据按事先指定的方式传送到中心节点,统一由中心节点处理。这种方法简单,但中心节点会成为系统性能的瓶颈,而且容错性较差。

2)半分布式结构。半分布式结构利用节点自身具有的计算和存储能力,对原始数据进行一定的处理,然后再传送到中心节点。

3)分布式结构。在分布式结构中,每个节点独立处理数据查询命令。显然,分布式结构是建立在所有感知节点都具有较强的通信、存储与计算能力基础之上的。

4)层次结构。无线传感器网络中间件和平台的软件体系结构主要分为 4 个层次:网络适配层、基本软件层、应用开发层和应用业务适配层。其中,网络适配器层和无线传感器网络节点的基本软件层(嵌入式软件部署的无线传感器网络节点)体系结构,应用开发和应用层服务的适配层组成的无线传感器网络应用支撑结构(发展和应用支持服务的实现)。

在网络适配层中,网络适配器是无线传感器网络基础设施(无线传感器网络基础设施、无线传感器操作系统)的封装。基本软件层包含无线传感器网络中的各种中间件。这些中间件构成了无线传感器网络平台软件的公共基础,提供了高度的灵活性、模块化和可移植性。

9.3.2　无线传感器网络数据管理的关键技术

1. 基于感知数据模型的数据获取技术

在传感器网络中对数据进行建模,主要用于解决以下 4 个问题:

1)感知数据不确定。由于误差,节点的测量值不能准确反映物理世界,但它们分布在接近真实值的某一范围内,可用连续概率分布函数来描述。

2)感知数据的空间相关性用于融合数据以减少冗余数据的传输,从而延长网络的生命周期。同时,当节点受损或数据丢失时,利用邻域节点的数据相关特性,可以在一定的概率范围内正确地发送查询结果。

3)节点能量受限时,必须提高能量利用效率。根据建立的数据模型,对传感器节点的工作模式进行调整,以减少采样频率和通信量,从而延长网络的生命周期。

4)方便查询和数据分发管理。

2. 数据模型及存储查询

数据管理主要包括数据采集、存储、查询的感知、挖掘和经营,目的是实现对用户和应用程序使用单独的网络传感器网络数据的物理和逻辑视图只需要关心查询的逻辑结构,而不需要关心传感器网络的实现细节。

在传感器网络中进行数据管理,有以下几方面问题:

1)感知数据如何真实反映物理世界;

2)节点产生的大量感知数据如何存放;

3)查询请求如何通过路由到达目标节点;

4)查询结果存在大量冗余数据,如何进行数据融合;

5)如何表示查询,并进行优化。

因此,传感器网络中的数据管理主要包括数据采集技术、存储技术、查询处理技术、分析挖掘技术和数据管理系统。

数据采集技术主要包括传感器网络和传感数据模型、元数据管理技术、传感器数据处理策略和面向应用的传感数据管理技术。

数据存储技术主要包括数据存储策略、存取方法和索引技术。

数据查询技术主要包括查询语言、数据融合方法、查询优化技术和数据查询分布式处理技术。

数据分析与挖掘技术主要包括 OLAP 分析与处理技术、统计分析技术及相关规则,如传统知识挖掘、与感知数据相关的新知识模型、挖掘技术和数据分布挖掘技术等。

数据管理系统主要包括数据管理系统的体系结构和数据管理系统的实现技术。

（1）数据存储与索引技术

数据存储策略按数据存储的分布情况可分为以下 3 类：

1）集中式存储。节点产生的感知数据都发送到基站节点,在基站处进行集中存储和处理。这种策略获得的数据比较详细完整,可以进行复杂的查询和处理,但是节点通信开销大,只适合于节点数目比较小的应用场合。加州大学伯克利分校在大鸭岛上建立的海鸟监测试验平台就采用的是这种策略。

2）分布式存储和索引。感知数据按数据名分布存储在传感器网络中,通过提取数据索引进行高效查询,相应的存储机制有 DIMENSIONS、DIFS、DIM 等。

①DIMENSIONS 采用小波编码技术处理大规模数据集上的近似查询,有效地以分布式方式计算和存储感知数据的小波系数,但是存在单一树根的通信瓶颈问题。

②DIFS 使用感知数据的键属性,采用散列函数和空间分解技术构造多根层次结构树,同时数据沿结构树向上传播,防止了不必要的树遍历。DIFS 是一维分布式索引。

③DIM（Distributed Index for Multidimensional data）是多维查询处理的分布式索引结构,使用地理散列函数实现数据存储的局域性,把属性值相近的感知数据存储在邻近节点上,可减少计算开销,提高查询效率。

3）本地化存储。数据完全保存在本地节点,数据存储的通信开销最小,但查询效率很低,一般采用泛洪式查询,当查询频繁时,网络的通信开销极大,并且存在热点问题。

（2）数据查询处理

传感器网络中的数据查询主要分为快照查询和连续查询。快照查询是传感器网络时间点的查询,连续查询主要是指在一定时间间隔内网络数据的变化。查询处理与路由策略、感知数据模型和数据存储策略密切相关,密不可分。目前的研究方向主要集中在以下几个方面：

1）查询语言研究。这方面的研究很少，主要是基于 SQL 语言的扩展和改进。

TinyDB 系统是基于 SQL 的查询语言。康奈尔大学美洲狮系统提供类似 SQL 的查询语言，但它是 XML 格式的信息交换。

2）连续查询技术。在传感器网络中，用户的查询对象是大量的无限实时数据流，连续查询分解成一系列的子查询，提交给本地节点执行。子查询是一个连续查询，它需要对数据流进行扫描、过滤和集成，产生局部查询结果流，并在全局综合处理后返回给用户。局部查询是连续查询技术的关键。由于数据和环境的动态变化，局部查询必须具有自适应性。

3）近似查询技术。感知数据本身存在不确定性，用户对查询结果的要求也在一定的精度范围内。利用概率近似查询技术，充分利用已有的信息和模型信息，减少不必要的数据采集和数据传输，满足用户查询的准确性，提高查询效率，降低数据传输成本。

4）多查询优化技术。在传感器网络中，在时间间隔内可能有多个连续查询。多查询优化是对每个查询的结果进行区分，减少重叠部分的数量，以减少数据传输量。

3. 无线传感器网络数据存储结构

（1）网外集中式存储方案

网外集中式存储方案是将所有数据完全传送到基站端存储，其网内处理简单，将查询工作的重心放到了网外。感知数据从数据普通节点通过无线多跳传送到网关节点，再通过网关传送到网外的基站节点，从基站到感知数据库。由于基站具有足够的能量、强大的存储和计算能力，可以对基站现有的数据进行复杂的查询处理，可以利用传统的本地数据库查询技术。

网外集中式数据存储结构的特点是：感知数据的处理和查询访问相对独立，可以在指定的传感器节点上定制长期的感知任务，让数据周期性地传回基站处理，复杂的数据管理决策则完全在基站端执行。其优点是网内处理简单，适合于查询内容稳定不变且需要原始感知数据的应用系统（某些应用需要全部的历史数据才能进行详细分析），对于实时查询来说，如果查询数据量不大，则查询时效性较好。

考虑到传感器节点的大规模分布，大量冗余信息的传输可能造成大量的能量损失，容易造成通信瓶颈，导致传输延迟。因此，这种存储结构很少得到应用。

（2）网内分层存储方案

层簇式无线传感器网络可以采用分层存储方案。网络中有两类传感器节点，一类是普通节点，另一类是具有足够资源的簇头节点（节点可能是最丰富的能量簇作为簇头，通过替换动态旋转算法一段时间），用于集群节点和数据的管理。簇头可以相互通信，基站的节点是簇头节点的根节点，其他簇头作为子节点处理。

网络分层存储方案的基本思想是将原始传感数据存储在普通节点上，在簇头节点上进行数据融合和数据汇总，形成网络在根节点上的数据整体视图。在执行查询任务时，根节点的全局数据主要用于决定应该查询哪些集群。簇头接收根节点发送的查询任务，并根据集群中的数据视图决定哪些数据将被聚集。这种存储和查询方案称为推拉绑定（推拉）访问方案。即将普通节点上的数据"推"到簇头节点上进行处理，而当查询执行时将簇头节点上的数据"拉"到网关上执行进一步处理。美国康奈尔大学计算机系的 Cougar 查询系统首先采用了这种存储及查询方案。

网内分层存储方案的优点是：查询时效性好，数据存储的可靠性好（因为采取多方位存储，即使普通节点失效其数据仍可能在簇头节点上保存着）。网内分层存储方案的缺点是：

必须采用特殊的固定簇头节点或采用有效的簇头轮换算法来保证簇头稳定运行，靠近簇头处也存在一定程度的通信集中现象，只能用于层簇式网络，有一定的应用局限性。

（3）网内本地存储方案

采用网内本地存储方案时，数据源节点将其获取的感知数据就地存储。基站发出查询后向网内广播查询请求，所有节点均接收到请求，满足查询条件的普通节点沿融合路由树将数据送回到根节点，即与基站相连的网关节点。美国加州大学伯克利分校的 TinyDB 数据库系统采用了这种本地存储方案。网内本地存储方案的存储几乎不耗费资源和时间，但执行查询时需要将查询请求泛洪到所有节点。将查询结果数据沿路由树向基站传送的过程中由于经过网内处理，使数据量在传送过程中不断压缩，所需的数据传输成本大大下降，但是回送过程中复杂的网内查询优化处理使得这种系统的查询实效性稍差。

网内本地存储方案的主要优点是：数据存储充分利用了网内节点的分布式存储资源，采用数据融合和数据压缩技术减少了数据通信量，数据没有集中化存储，确保网内不会出现严重的通信集中现象。网内本地存储方案的主要缺点是：需要将查询请求泛洪到整个网内的各个角落，网内融合处理复杂度较高，增加了时延。

（4）以数据为中心的网内存储方案

以数据为中心的网内存储方案采用以数据为中心的思想，将网络中的数据（或感知事件）按内容命名，并路由到与名称相关的位置（如根据以名称为参数的哈希函数计算出来的位置）。采用方案时需要和以数据为中心的路由协议相配合（常见的以数据为中心的无线传感器网络路由机制有定向扩散、GPSR、GEAR 等）。存储数据的节点除负担数据存储任务外，还要完成数据压缩和融合处理操作。

4. 数据压缩技术

数据压缩是传感器网络数据处理的关键技术。近年来，传感器网络中的数据压缩技术得到了广泛的研究和应用。其中有代表性的研究成果包括基于时间序列数据压缩方法、基于数据相关性压缩方法、分布式小波压缩方法、基于管道数据压缩方法等。

（1）基于时间序列数据压缩方法

在无线传感器网络中，周期传感器节点产生的周期数据可以用时间序列表示。传感器节点生成的时间序列不是完全随机的，而且数据之间存在冗余，因此可以压缩这个时间序列。

Eamonn Keogh 等提出了分段常量近似（Piecewise Constant Approximation，PCA）的压缩时间序列技术。PCA 技术的主要思想是将时间序列表示为多个分段，每个分段由数值常量和结束时间两个元组组成，其值分别为该分段对应的子序列中所有数据的均值和最后一个数据的采样时间。

基于 PCA 技术，Losif Lazaridis 等提出了 PMC_mean 压缩方法。PMC_mean 是一种压缩时间序列的在线方法，该方法的思想是将时间序列中每个分段内所有数据均值作为该分段的常量。每采集到一个周期数据，就计算当前压缩的时间序列内所有数据的均值，若该均值与当前时间序列的最大值或最小值的差值超过阈值 s，即停止采样，将满足条件的时间序列压缩为一个分段。

（2）基于数据相关性压缩方法

Jim Chou 等提出了传感器网络的分布式压缩数据传输模型，主要思想是在所有的传感器节点中，选择一个节点发送完整的数据到汇聚节点，其他节点只发送压缩后的信息。汇聚节点收到数据后，通过压缩数据和未压缩数据之间的相关性进行解压缩，从而恢复原始数据。实现该方法的关键问题在于需要一个低复杂度、支持多压缩率的压缩算法和一种简单、高效的相关性跟踪算法。进一步地，Jim Clio 等提出了一个简单的预测模型，用于跟踪和确定节点数据之间的相关性。

（3）分布式小波压缩方法

小波变换是一种在时域和频域同时表征信号行为的数学工具。它具有多分辨率分析的特点，能够在不同尺度或压缩比下保持信号的统计特性，对压缩的突发数据流非常有效。将传感器网络原始数据转换成小波域压缩原始数据是一种有效的数据处理方法。

利用在传感器数据采样的数据压缩算法的区间小波的小波分解快速 Mallat 小波分解算法的理论，在量化阶段，对高频系数和低频小波变换后系数的阈值处理，整数区间小波系数的量化根据映射。由于传感信号能量的分解集中在低频系数上，小波系数按一定的规律出现，因此进而应用游程编码（即对数据流中连续出现多次相同数值的数据以个数和数值的形式来表示），以取得进一步的压缩效果。

Ciancio 等基于小波变换中的提升因数分解方法，提出了无线传感器网络中的分布式小波数据压缩算法。该算法将小波系数重新定义为中心节点的数据流，并计算出部分小波系数。利用网络中的自然数据流来聚集数据。

传感器网络中单向提升小波变换是基于传感器节点沿传感器路由数据到簇头节点的数据传输。路由节点利用邻居节点的数据和广播数据计算小波变换。此外，针对不规则分布传感器网络的数据处理问题，将不规则小波数据处理应用到传感器网络的小波数据处理中，构造了新的小波基函数。以上这些压缩方法是改进型小波变换的数据压缩算法。实践证明，这些算法均能取得较好的数据压缩效果。

5. 数据融合技术

数据融合是基于一个系统中多个传感器（多个或多个类）特定问题的信息处理的一个新的研究方向，因此，数据融合也可以称为信息融合或多传感器融合。多传感器系统是数据融合的硬件基础，多源信息是数据融合的处理对象。协调优化和综合处理是数据融合的核心。

9.4　基于策略和代理的无线传感器网络的数据管理架构

基于策略的数据管理（PBDM）是收集和传输数据，根据用户的策略来优化数据采集和网络传输，从而降低整个网络的数据流量。

移动代理（MA）技术具有自主性、移动性、智能性等特点。适用于分布式系统的实现。利用 MA 技术进行无线传感器网络数据管理，可以最大限度地减少网络中的数据冗余，从而减少网络负载，延长整个网络的生命周期。

在无线传感器网络的数据管理中应用策略和代理技术，优势互补。可以在每个节点上设置策略库和策略代理。策略存储库用于存储用户的决策信息，策略代理用于在策略库中执行相应的策略规则。应用 MA 可以使管理员的决策信息对相应的节点方便快捷。两者的结合可以有效地管理无线传感器网络中的数据。

1. 基于策略和代理的数据管理的结构模型

无线传感器网络模块的数据管理中心驻留在汇聚节点，需要编写相应的决策信息，生成移动代理，发送到距离簇头节点最近的汇聚节点，然后根据所使用的路由协议通过移动 Agent 快速将用户的策略信息传到其他簇头节点上，这种策略在每个簇头节点策略仓库更新。移动代理通过自我复制移动到集群中的所有节点。簇内节点根据相应的策略信息收集数据，然后将收集到的数据传递给簇头节点。簇头节点可以用以下两种方法将数据传回 Sink 节点：

1）源数据直接从簇头节点传到 Sink 节点。在这种情况下，假设簇头节点上采集的源数据的大小为 N_S，在网络中传输所消耗的能量为 W_S。

2）源数据在簇头节点根据策略处理后再由移动代理（MA）来传输这些数据。假定 MA 的大小是近似相等的，定为 N_A，传输时所需要的能量为 W_A，经过处理后的数据的大小为 N_R，传输时所需要的能量为 W_R。由于节点在运算时所消耗的能量很小，所以处理数据所消耗的能量可以忽略不计。在这种情况下传输数据所需要的能量为 $W_{Agent} = W_A + W_R$。簇头在传送数据之前先根据以上情况计算传输的代价，若 $W_{Agent} > W_S$，就直接把源数据传到 Sink 节点，否则就由簇头节点生成相应的 MA，把数据传给 Sink 节点。

2. 移动代理和策略代理简介

在本数据管理模型中用了两种代理：一种是移动代理（MA），另一种是策略代理（PA）。移动代理用于节点间信息的传输，策略代理存在于每个节点上，用于执行策略信息。下面分别对这两种代理作简要介绍。

（1）移动代理的结构及功能描述

使用移动代理将用户的策略信息传递给簇头，在簇头协作或协商时也可以用于交换或交换信息，从而提高了数据管理的灵活性。

每个移动代理可以由其标识符唯一标识。目标区域信息描述包括用户要查询的区域信息和数据收集的策略信息。通信模块用于在各种移动代理之间交换信息或与移动代理服务器交换信息。控制模块是移动代理的中心模块,它控制代理的行为方式。数据空间用于存储在迁移过程中获得的本地融合结果或用户策略信息的数据缓冲区。

(2)策略代理功能描述

策略代理驻留在簇头节点和簇内节点,而无移动性。它可以根据用户的需求搜索相关的策略并在本地策略库中执行,也可以更新本地策略库。策略代理相当于节点上策略的执行点。

(3)策略技术在数据管理各个模块中的具体应用

在用户图形界面的策略管理工具包括策略编辑器、策略编译器和策略存储器3部分。其中,策略编辑器是用于用户编辑策略信息;策略编译器用于把用户输入的战略编译为可执行的形式,然后将其存储到策略仓库;策略存储器是用来访问编译策略。策略决策中心根据用户或节点的请求将策略从策略仓库中取出,并决定采取什么策略。策略消息处理器用于接收簇头的策略请求信息。决策中心经过处理后,进行决策,最后通过移动代理向请求的簇头节点传输。策略仓库用于存储可执行策略信息。本地策略仓库相当于一个本地缓存,它用于存储少量的策略信息。当一个节点需要某种策略时,它首先从策略库中查找它,如果它存在,直接执行,否则,它将策略请求信息发送给上一级节点。移动代理服务环境用于移动代理的生成、接收、销毁等其他操作。

有效地管理无线传感器网络收集的数据,不仅可以减少网络中的数据流量,还可以方便用户及时收集数据。利用策略技术和代理技术进行无线传感器网络数据管理,不仅可以对移动数据源进行计算,还可以利用策略技术,在一定程度上减少移动代理代码的长度,从而进一步减少网络中的数据流量。

9.5 现有传感器网络数据管理系统简介

传感器网络数据管理系统是对传感器网络数据进行提取、存储和管理的系统。其核心是传感器网络中的数据查询优化和处理。目前,无线传感器网络的具有代表性的数据管理模型主要包括 TinyDB 系统、Cougar 系统和 Dimensions 系统。

1. TinyDB 系统

TinyDB 系统是由加州伯克利分校开发的,它为用户提供了一个类似

SQL 的应用程序接口。TinyDB 系统主要由 3 部分组成:TinyDB 客户端、服务器和传感器网络 TinyDB。TinyDB 系统软件主要分为两个部分:第一部分是传感器网络的软件,运行在每个传感器节点;第二部分是客户端软件,运行在客户端和 TinyDB 服务器。

TinyDB 系统的客户端软件主要包括两个部分:第一部分实现类似于 SQL 语言的 TinySQL 查询语言;第二部分提供基于 Java 的应用程序组成,能够支持用户在 TinyDB 系统的基础上开发应用程序。

TinyDB 系统的传感器网络软件包括 4 个组件,分别为网络拓扑管理器、存储管理器、查询管理器以及节点目录和模式管理器。

1)网络拓扑管理器:管理所有节点之间的拓扑结构和路由信息。

2)存储管理器:使用了一种小型的、基于句柄的动态内存管理方式。它负责分配存储单元和压缩存储数据。

3)查询管理器:负责处理查询请求。它使用节点目录中的信息获得节点的测量数据的属性,负责接收邻居节点的测量数据,过滤并且聚集数据,然后将部分处理结果传送给父节点。

4)节点目录和模式管理器:负责管理传感器节点目录和数据模式。节点目录记录每个节点的属性,例如,测量数据的类型(声、光、电压等)和节点 ID 等。传感器网络中的异构节点具有不同的节点目录。模式管理器负责管理 TinyDB 的数据模式,而 TinyDB 系统采用虚拟的关系表作为传感器网络的数据模式。

2. Cougar 系统

Cougar 系统是由康奈尔大学开发的。它将传感器网络的节点划分为簇,每个簇包含多个节点,其中一个作为簇头。Cougar 系统使用定向扩散路由算法在传感器网络中传输数据,信息交换的格式为 XML。

Cougar 系统由 3 个部分组成:第一部分是图形用户界面 GUI,运行在用户计算机上;第二部分是查询代理 QueryProxy,运行在每个传感器节点上;第三部分是客户前端 FrontEnd,运行在选定的传感器节点上。

客户前端负责与用户计算机和簇头通信,它是 GUI 和查询代理之间的界面,相当于传感器网络和用户计算机之间的网关。客户前端和 GUI 之间使用 TCP/IP 协议通信,将从 GUI 获取的查询请求发给簇头上运行的查询代理,并从簇头接收查询结果,且对查询结果进行相关处理(例如,过滤或聚集数据),然后将处理结果发给 GUI。客户前端也可以把查询结果传输到远程 MySQL 数据库中。

图形用户界面 GUI 是基于 Java 开发的,它允许用户通过可视化方式或输入 SQL 语言发出查询请求,也允许用户以可视化方式观察查询结果。GUI 中的 Map 组件可以使用户浏览传感器网络的拓扑结构。

查询代理由设备管理器、节点层软件和簇头层软件 3 部分组成。簇头层软件只在簇头中运行,设备管理器负责执行感知测量任务,节点层软件负责执行查询任务。当收到查询请求时,节点层软件从设备管理器获得需要的测量数据,然后对这些数据进行处理,最后将结果传送到簇头。在簇头中运行的簇头层软件负责接收来自簇内成员的数据,然后进行相关的处理(例如过滤或聚集数据),最后把结果传送到发出查询的客户前端。

3. Dimensions 系统

Dimension 系统是由加州大学洛杉矶分校开发的。它的设计目标是提供灵活的时域和空域结合的查询。这种查询的灵活性表现在,用户可以对传感器网络中的数据进行时域和空域的多分辨率查询。用户可以指定在时域和空域内的查询精度,Dimensions 系统可以按照指定精度进行查询。这种查询提供了一种针对细节的数据挖掘功能。

为了实现以上设计目标,Dimensions 系统主要采用了层次索引和基于小波变换的关键技术。这种关键技术能够使传感器网络合理地使用能量、计算和存储资源。

9.5.1 DisWareDM 无线传感器网络数据管理概述

无线传感器网络是由一组自主的无线节点或终端相互合作而形成的分布式自组织网络。DisWare 中间件通过支持多 Agent 的互通信机制以及 Agent 的迁移机制实现任务的有效分布式处理,能够很好地适应这种由分布操作系统控制的集群系统。DisWareDM 是在 DisWare 中间件及其开发平台基础上设计的一个无线传感器网络数据管理系统,它可以为用户提供灵活的传感器网络数据实时查询功能。

DisWareDM 系统根据用户的查询请求确定查询任务,并使用移动 Agent 来构造节点端的查询处理过程(称为查询 Agent),然后将移动 Agent 发送到网络中的目标位置上,利用 Agent 的迁移和 Agent 间的协作在查询相关的节点位置完成系统指定的查询处理任务,Agent 将处理后的查询结果送回基站,然后由基站的查询服务系统显示查询结果,并可将感知元数据保存到数据库服务器上,为将来的历史查询或分析提供数据查询和分析服务。

由于 DisWareDM 针对不同的用户查询请求动态地生成 Agent,并将其发送到需要查询处理任务的节点上,实现程序的动态发布功能,所以在节点上不必存储大量的分布式查询处理程序代码。同时,由于网内查询处理程序是动态发布实现的,所以当查询处理系统根据应用需要进行系统更新和功能拓展时,不必要回收所有节点重新发布网内查询处理程序,而只需要改变基站计算机上的数据管理服务系统程序,修改其构造查询 Agent 程序机构的子模块即可,新系统的查询处理程序会在移动 Agent 发送到节点上时实现其功能。

9.5.2　DisWareDM 整体功能和系统结构设计

1. DisWare 中间件主要实现的功能

DisWare 中间件主要实现的功能如下:

1)标准编程接口。针对不同的操作系统和硬件平台,中间件型号使用统一的标准编程接口,从而屏蔽了无线传感器网络底层系统设计的复杂性,使程序开发人员面对一个简单而统一的开发环境,减少了程序设计的复杂性。

2)可扩展能力。DisWare 中间件采用层次化的结构设计,使得其容易扩展新的功能,并支持在同一功能区内提供多重服务,因此能较好地适应无线传感器网络软/硬件技术不断发展变化。

3)应用移植性支持。在利用无线传感器网络中间件时,所有与特定处理机相关的代码仅仅存在该软件中,因此将这个系统移植到新的处理机需要做的变化将尽可能地少。

4)分布式处理支持。无线传感器网络是由一组自主的无线节点或终端相互合作而形成的分布式自组织网络。DisWare 中间件通过支持多 Agent 的互通信机制以及 Agent 的迁移机制实现任务的有效分布式处理,能够很好地适应这种由分布操作系统控制的集群系统。

DisWareDM 是在 DisWare 中间件及其开发平台基础上设计的一个无线传感器网络数据管理系统,它可以为用户提供灵活的传感器网络数据实时查询功能。

DisWareDM 系统根据用户的查询请求确定查询任务,并使用移动 Agent 来构造节点端的查询处理过程(称为查询 Agent),然后将移动 Agent 发送到网络中的目标位置上,利用 Agent 的迁移和 Agent 间的协作在查询相关的节点位置完成系统指定的查询处理任务。Agent 将处理后的查询结果送回基站,然后由基站的查询服务系统显示查询结果,并且可将感知元数据保存到数据库服务器上,为将来的历史查询或分析提供数据查询和分析服务。

由于 DisWareDM 针对不同的用户查询请求动态地生成 Agent,并将其发送到需要执行查询处理任务的节点上,这样就实现了程序的动态发布功能,所以在节点上不必存储大量的分布式查询处理程序代码。同时,由于网内查询处理程序是动态发布实现的,所以当查询处理系统根据应用需要进行系统更新和功能拓展时,不必要回收所有节点重新发布网内查询处理程序,而只需要改变基站计算机上的数据管理服务系统程序,修改其构造查询 Agent 程序机构的子模块即可,新系统的查询处理程序会在移动 Agent 发送到节点上时实现其功能。

2. 体系架构分析

DisWareDM 采用动态发布移动 Agent 来实现网内查询处理功能,从理论上来说,可以灵活采用集中式结构、完全分布式结构和层次式结构等各种查询处理体系结构。

若采用集中式的查询处理结构,DisWareDM 可以构造最简单的查询 Agent,其主要功能是:从本地节点上周期性地采集查询所需的感知数据,并将所有数据发送到基站,在基站上进行复杂的数据分析和处理。这种结构不能发挥移动 Agent 灵活的分布式协作处理能力,而且理论和实践已经证明:当查询数据量很多时,采用集中式系统结构的网内数据传输量大,能量消耗迅速且容易造成负载不均衡问题。因此,只有当网络规模较小,查询涉及面不大时,才适合采用这种结构。

若采用完全分布式的查询处理结构,则 DisWareDM 可以构造相对复杂的查询 Agent,其主要功能是:周期性地采集感知数据,并在本地存储下来,定时(比数据采集周期时间长)进行查询计算处理(如执行选择和融合处理),然后通过相关节点上的移动 Agent 之间的协作共同完成进一步的查询计算处理,最后将结果送回基站,基站仅负责与用户的交互。这种系统结构虽然能充分利用网内资源和移动 Agent 的分布式处理能力,但是需要采用复杂的分布式处理算法,计算量大而且对节点的存储资源要求高。由于目前节点的处理能力和存储资源比较有限,因此不适宜采用完全分布式结构。

DisWareDM 查询系统最适用于层次式的大规模传感器网络,该网络包含两个层次:传感器网络层和簇头层。簇头节点可以是具有稳定能量源的资源充足的特定节点,也可以是普通传感器节点采用特定的簇头选择算法在簇内动态更替选择而产生的,由于更替选择的周期较慢,因此在一定时间内可以看作是固定不变的。

服务端查询处理系统(Query Server)是在基站上实现的 DisWareDM 的主控处理部分,负责处理多个客户端通过外部网络发送来的查询请求。Query Server 分析并存储多个用户的查询请求,合并相同的请求内容,根据不同的查询请求制订查询任务,并构造两种类型的 Mobile Agent(MA)指令:一种是"局部处理 MA",负责在簇头节点执行局部数据融合计算;另一种是"数据收集 MA",负责在普通传感器节点上执行查询相关的感知数据提取任务。然后 Query Server 根据查询的目标范围将两种 Mobile Agent 发送到特定的簇头,其中"数据收集 MA"在簇内广播复制到所有查询相关的节点上,在普通传感器节点上执行数据收集任务,并将所有数据传送到簇头处;"局部处理 MA"则在簇头停留下来执行本簇范围内的数据局部处理任务,然后将局部处理结果发送到基站进行全局融合处理。用户查询界面是用户通过外部网络(如 Internet)与服务器端查询处理系统交互的接口,其处理部分主要是在服务器端完成的,因此用户查询界面属于系统的外部输出部分。

3. 整体功能

基于 DisWare 及其开发平台 MeshIDE DisWare 的数据管理系统 DisWareDM 的整体设计目标是:根据无线传感器网络即数据库的抽象管理,使用定义式数据库查询语言来查询网络信息,把传感器网络上的逻辑视图和网络的物理实现分离开来,使得传感器网络的用户只需关心所要提出的查询的逻辑结构,而无需关心传感器网络的细节,并利用移动 Agent 和中间件技术改善现有传感器网络数据管理系统可移植性差、网络负载不均衡、查询效率不高、应用适应性差、开发周期长和部署不灵活等问题,实现查询处理的高效率和节能性,降低无线传感器网络数据查询处理应用系统的开发成本和部署成本。

在该系统中,查询处理任务根据查询时间段的不同分为历史查询和即时查询两种,并且以即时查询为主,以历史查询为辅。对于即时查询,网内查询处理任务以 Agent 的形式在网络管理基站上产生,并被发送到查询指定的网络节点上运行,然后利用元组远程操作将查询结果从网络节点上传回网络管理基站,在网络管理基站执行最后的处理,并将查询到的感知数据存储到历史数据库中;对于历史查询,由于查询对象是存储在历史数据库中的数据,因此主要是通过对基站本地的历史数据库服务器进行数据库查询处理来实现的,不涉及传感器网络内部。系统设计的关键在于即时查询处理系统的设计。

基于 DisWareDM 的即时查询处理过程为:用户在用户端图形化查询

界面上选择查询参数(包括查询的目的地址范围、数据抽样周期、感知属性等),基站的查询服务系统根据查询的参数生成类似 SQL 的查询请求语句,或者由用户直接输入类 SQL 查询请求脚本。查询分析系统对查询语句进行分析分解,制订查询计划,并根据查询计划编写"查询 Agent"的代码,以及设置 Agent 的目的地址。然后将该 Agent 发送到无线传感器网络的网关节点,该 Agent 会自行迁移到目的节点上,执行查询操作,查询结果以元组的形式返回到基站,基站接收到返回的查询结果元组数据后提取结果并将其显示出来。

DisWare 系统的目标是展现基于移动 Agent 中间件平台的数据管理系统的技术特点。由于时间有限和系统部署设备有限,所以系统架构采用较为简单的集中式查询处理结构,对于系统的网内查询处理也采用直接传送原始数据,不做网内融合处理的方式。然而从前面的理论分析可以看出,使用 DisWare 是可以采用更复杂的系统结构和更复杂的网内处理技术。

第 10 章　无线传感器网络的安全技术

10.1　无线传感器网络的安全问题概述

10.1.1　无线传感器网络的安全分析

无线传感器网络是一种自组织网络。无线传感器与数量巨大的价格低廉、资源受限的传感器节点协同工作,能够完成特定的工作。

无线传感器网络在复杂的环境中部署了大量的网络,为数据的在线采集和处理指明了新的方向。但同时无线传感器网络通常部署在无人值守、无法控制的环境中,除了需要应对一般无线网络面临的信息披露、信息篡改、重放攻击、拒绝服务攻击等威胁,无线传感器网络也面临着传感器节点容易被入侵的问题。入侵者会得到传感器节点收到的所有信息,一部分网络会被入侵者所控制,因此,用户时刻暴露在这样的危险之下。用户不可能接受和部署不解决安全和隐私问题的传感器网络。所以,在进行无线传感器网络协议和软件设计的工作时,必须充分考虑无线传感器网络可能面临的安全问题,并且把安全机制纳入到系统设计中。

1. WSN 的特点

无线传感器网络是一个大型的分布式网络,通常部署在自然环境恶劣并且没有人看守和维护环境中。在大多数情况下,传感器节点不是重复使用的,其特点主要体现在下列几个方面:

1)能量有限。能量是限制传感器节点能力和生命的最重要的约束条件。现有的传感器节点由标准 AAA 或 AA 电池供电,无法反复充电。

2)计算能力有限。传感器节点 CPU 一般只有 8 位,处理能力也只有 4~8 MHz。

3)存储容量有限。传感器节点一般包括三种形式的存储器,即随机存储器、程序存储器和工作存储器。随机存储器一般用于数据的暂时存储工作,一般存储大小不到 2 KB;程序存储器用于存储操作系统、应用程序和安全功能,工作存储器用于检测信息存储的信息,这两种存储器通常情况下也不超过几十个千字节。

4)传播范围有限。为了减少信号传输中的能量损耗,传感器节点射频模块的传输能量一般为 $10\sim100$ mW,传输范围也仅限于 $100\sim1000$ m。

5)防止篡改。传感器节点具有便宜的价格、松散的结构和开放的网络设备。只要攻击者能够得到传感器节点,就可以很轻松地获取和修改传感器节点和程序代码中存储的关键信息。

除此之外,在部署的传感器网络中,网络的拓扑结构是没有办法提前预测的,同一时间内有很多传感器节点被部署成功。传感器节点甚至整个网络拓扑在无线传感器网络中的角色也不是固定不变的,而是不停地发生变化,所以与有线网络以及绝大多数的无线网络不同的是,有线网络以及绝大多数的无线网络能够对网络设备进行完全配置,无线传感器网络对传感器节点只能进行有限的配置,甚至许多网络参数和密钥都是在传感器节点安装成功后才协商完成的。

2. WSN 的安全特点

通过对无线传感器网络特点的分析,指出无线传感器网络的主要特点和安全性如下:

1)有限的资源和不良的沟通环境。一方面,由于无线传感器网络节点能量有限、存储空间有限和计算能力较差,直接导致了许多成熟而有效的安全协议和算法不能成功应用。另一方面,利用节点间的无线通信自身信道不稳定,信号不但很难阻止窃听,而且还有可能被屏蔽或修改。

2)部署区域的安全性得不到保证,节点很容易失效。传感器节点通常部署在无人值守的恶劣环境或敌对环境中。工作区本身就有不安全因素,节点很容易被破坏或捕获。一般来说,节点如果不能按时维护,那么就很容易失效。

3)网络无基础框架。在无线传感器网络中,各节点以自组织的方式形成网络,以单跳或多跳的方式进行通信,没有专用的传输设备,传统的端到端安全机制不能直接应用。

4)部署前的地理位置不确定。在无线传感器网络中,节点通常在目标区域随机部署,并且在部署之前未知节点之间是否有直接连接。

10.1.2　无线传感器网络的安全性目标

1. WSN 主要的安全目标及实现基础

尽管无线传感器网络安全的关键目标（包括保密性、完整性、可用性等）和普通的网络相比没有特别大的区别，但由于无线传感器网络是一种典型的分布式系统，主要通过消息传递功能来完成任务，主要面临两种安全问题，即信息安全和节点安全两部分。前面提到的信息安全，就是指在节点之间进行传输的各种消息的安全性。

节点安全是一个指向捕获并转化为恶意节点的传感器节点的指针。该网络能快速检测异常节点，从而阻止异常节点对无线传感器网络造成进一步的损害。不同于传统网络，无线传感器网络深层次的小型化和大规模应用的廉价导致了对硬件实现策略的重视。考虑到传感器节点的资源约束，几乎所有的安全性研究必然同时考虑到算法强度和安全强度之间的平衡。仅仅提供一种保证消息安全性的加密算法是不够的。因此，当节点被攻破，重要的信息如密钥被盗时，攻击者可以很轻松地控制捕获节点或复制恶意节点，从而对信息安全造成严重威胁。所以，节点的安全性要比消息的安全性重要得多，保证传感器节点的安全是极其关键的。

维护传感器节点安全的关键部分是建立节点信任机制。在传统的网络中，健壮的端到端信任机制一般需要值得信赖的第三方来完成需要公钥密码体制进行的可以被认证的网络实体，如 PKI 系统。但是，研究工作者认识到，由于无线信道十分脆弱，哪怕是静态传感器节点，它们之间的通信信道波动也比较大，导致网络拓扑结构容易改变。所以，对于任何可信的第三方安全协议，传感器节点和可信第三方之间的通信开销都非常大，波动比较大的信道和通信延迟能够影响安全关联的能力和效率。此外，考虑到传感器节点计算能力的限制，公钥密码体制不适合无线传感器网络的使用。

现代密码学认为，密码系统的安全性的关键在于密钥的安全性，而与算法的保密性关系不大。所以，密钥管理是安全管理中最关键、最基本的部分。根据以往经验可以知道，从密钥管理方法攻击比单纯破译加密算法要简单得多。重视密钥管理，引入密钥管理机制，有效地控制网络的安全性和抗攻击性是十分有必要的。

总的来说，基于密钥预分配模式，无线传感器网络的节点间信任关系是通过共享密钥而建立的。所以，基于密钥预分配的密钥管理共享问题是实现无线传感器网络节点安全和消息安全的基础。迄今为止，无线传感器网络密钥预分配管理可以分为两个模式,第一种是确定性密钥预分配,另外一种是随机密钥预分配。利用组合理论、多项式和矩阵方法,确定性密钥预分配的一个共同缺点是,当网络节点的数目超过某个阈值时,网络中断的概率增大。随机密钥预分配则没有这样的缺点。当被破坏的节点数目超过某一阈值时,整个网络被破坏的概率将缓慢增加,这样做的唯一代价就是查找共享密钥的难度也随之增加。另外,因为随机密钥预分配是基于随机图的连通性理论,那么在一些特殊的场合,如节点稀疏或密度不均匀,随机密钥预分布将无法确保网络的连通性。

2. WSN 的安全需求

无线传感器网络的安全需求主要体现在以下几个方面:

1)保密性。保密性要求加密无线传感器网络节点之间传输的信息,以便在截取节点之间进行物理通信后,没有人能够直接获得消息内容。

2)完整性。无线传感器网络的无线通信环境为恶意节点的破坏提供了便利。完整性要求在传输过程中不增加、减少或修改节点所接收到的数据,也就是说要保证接收到的消息和所发送的消息一致。

3)鲁棒性。无线传感器网络通常部署在恶劣环境、无人区或敌方阵地。外部环境具有随机性。此外,随着老节点的失效或新节点的加入,网络的拓扑结构也在持续地发生着改变。

所以,无线传感器网络必须能够适应任何恶劣外部环境,使得单个节点或少量节点的变化无法影响到整个网络的安全性。

4)真实性。无线传感器网络的真实性主要体现在点对点消息认证和广播认证这两个方面。节点接收另一个节点发送消息的点对点消息认证,确认该消息确实来自于节点,而不是其他人冒充;广播认证主要解决了当认证安全问题时单个节点向一组节点发送统一通知的问题。

5)新鲜性。在无线传感器网络中,因为网络通过不同路径同时传输引起的传输延迟的不确定性和恶意节点的重放攻击,接收方可能会在收到数据包之后又收到相同的数据包。新鲜性要求收件人收到的信息包都是最新的和非重复发送的,也就是信息具有失效性。

6)可用性。可用性要求无线传感器网络以预设的方式为合法用户提供信息访问服务。但是,攻击者能够通过信号干扰、伪造或重复的方式使无线传感器网络发生部分瘫痪甚至完全瘫痪,从而损害系统的可用性。

7)访问控制。无线传感器网络无法通过设置防火墙来完成访问过滤。由于硬件方面的限制,无法使用非对称加密系统的数字签名和公钥证书机制。无线传感器网络必须建立一套符合自身特性的访问控制机制,可以同时兼顾性能、效率和安全性。

10.1.3　无线传感器网络的安全策略

根据上述无线传感器网络的安全性分析,我们可以看出,无线传感器网络非常容易受到各种威胁和攻击,如传感器节点的物理操作、传感信息窃听、拒绝服务攻击、私人信息泄露等。根据无线传感器网络的特点,对无线传感器网络潜在的安全威胁进行分类和讨论。

1. 传感器节点的物理操纵

在将来,传感器网络通常会有数百个传感器节点。每个节点都很难被监视;反过来,每个节点也很难被保护。因此,每个节点都是一个潜在的攻击点,攻击者可以在物理上和逻辑上攻击它。此外,传感器通常部署在没有人维护的环境,这使得攻击者捕获传感器节点更方便。当捕获传感器节点时,攻击者可以通过编程接口(JTAG 接口)修改或获取传感器节点中的信息或代码。

根据文献分析,攻击者可以使用简单的工具(计算机,uisp 自由软件),在一分钟之内,可以把存储在 EEPROM、闪存和 SRAM 中的所有信息传输到计算机,通过软件的编写,可以很容易得到信息到一个汇编文件格式,从而分析传感器存储过程代码、节点的路由协议和保密信息的关键,但也可以修改程序代码,并加载到传感器节点。

很明显,传感器节点具有非常大的共同安全漏洞,攻击者可以通过这个漏洞,能够更加方便地获取传感器节点中的机密信息,修改程序代码,如具有多个身份 ID 的传感器节点,然后以多个身份在传感器网络中完成通信。除此之外,也可以使用存储在传感器节点中的密钥和代码等信息获取攻击,最终将合法节点伪造或伪装到传感器网络中。

只要传感器网络中节点中的其中一部分被挟持,攻击者就能够发起更多攻击,例如,监视传感器网络中传输的信息、向传感器网络发送虚假路由信息、发送虚假传感器信息和拒绝服务攻击。

安全策略:传感器节点易于被物理操纵,这是传感器网络始终无法避免的安全问题。我们需要通过其他技术来增加传感器网络的安全性。例如,对节点和节点进行身份认证,这个认证需要在通信之前完成;设计了一种新的密钥协商方案,这样即使少量的节点被操纵,攻击者也无法从所获取的节点信息中获得其他节点的密钥信息。此外,通过对传感器节点软件的合法性进行认证,这样也能够提高节点的安全性能。

2. 信息窃听

根据无线通信和网络部署的特点,攻击者可以利用节点之间的传输非常轻易地获取敏感或私人信息,为无线传感器网络在现场监测室内温度和光照信息,无线接收器可以接收到部署在室外室内传感器发送过来的温度和光照信息;相同地,攻击者通过发送监测室内和室外的节点之间的信息,也可以得到室内信息,最终发现房子主人的生活习惯。

安全策略:对传输信息进行加密可以解决窃听问题,但需要灵活、健壮的密钥交换和管理方案。密钥管理方案必须易于部署,适用于传感器节点有限的资源。除此之外,密钥管理方案还必须确保当某些节点被操纵时,攻击者可以获得存储在节点中生成的会话密钥的信息,从而不会破坏整个网络的安全性。由于传感器节点内存资源有限,在传感器网络中实现端到端安全是不现实的。但是,在传感器网络中,可以对跳和跳之间的信息进行加密,使得传感器节点可以与邻居节点共享密钥。在这种情况下,即使攻击者捕获通信节点,它只影响相邻节点之间的安全性。但是当攻击者通过一个节点发送错误路由消息时,将影响整个网络的路由拓扑。解决这个问题的一种方法是要有一个好的路由协议,另一种方法是多路径路由,它通过多条路径传输部分信息,并重建目的。

3. 私有性问题

传感器网络是把收集信息作为主要目的的,攻击者能够通过非法窃听获取敏感信息,假设攻击者知道如何从多渠道信息有限的相关算法中获取信息,然后攻击者利用有效信息收集信息。通常情况下,一般的传感器并不是通过传感器网络获取一些很难收集到的信息,但攻击者通过网络远程监控,从而获得大量的信息,并根据具体算法分析出其中的私有性问题,所以攻击者不需要物理接触的传感器节点。远程监控是一个低风险、匿名访问私人信息的途径。远程监视还可以使单个攻击者同时获得由多个节点传输的信息。

安全策略:保证网络中的传感信息只能访问可信实体是保证隐私问题的最佳方式,可以通过数据加密和访问控制来实现;另一种方法是限制传输的信息网络的规模,因为信息越详细,越可能泄露隐私。例如,集群节点可以通过接收来自相邻节点的大量信息来收集数据,并且只发送处理结果,从而实现数据匿名。

4. 拒绝服务攻击(DoS)

DoS攻击的可用性主要用于破坏网络,减少任何事件的网络或系统执行,以实现所需的功能,如试图中断、推翻或损毁传感器网络,还包括硬件故障、软件缺陷、资源和环境损耗等。这主要是关于协议的脆弱性和设计水平。很难说清楚是由于 DoS 攻击引起的某个错误或一系列错误,在大型网络中同样是这样的。所以这个时候传感器网络本身具有较高的单节点失效率。

　　DoS 攻击能够发生在物理层,如信道阻塞,这其中会涉及网络中的恶意干扰、协议传输或物理节点对传感器节点的破坏。攻击者还可以发起快速消耗传感器节点能量的攻击,例如,向目标节点连续发送大量无用信息,目标节点将消耗能量处理这些信息并将其传输到其他节点。如果一个攻击者捕获传感器节点,它也可以伪造或伪装成合法的节点推出这些 DoS 攻击。例如,它可以生成循环路由,从而耗尽了该循环中节点的能量。DoS 攻击没有固定的方法,这与攻击者的攻击方式不同。一些跳频和扩频技术可以用来减少网络拥塞,适当的身份验证可以防止无用信息被插入网络。然而,这些协议必须非常有效,否则它也将被用作 DoS 攻击的一种手段。例如,利用数字签名非对称加密可以用于基于信息的认证,但创建和验证签名是一种计算缓慢、能耗计算,攻击者可以在网络中引入如此大量的信息,将有效地实现 DoS 攻击。

10.1.4　跨层的安全框架

　　因为无线传感器网络部署在没有人看护的环境中,需要保证数据的安全性和容错性,防止敌方或恶意人员使用和销毁系统,并能够对节点进行身份验证,保证从网络接收到的正确信息,以提高网络的可靠性。因此,设计一个无线传感器网络安全框架是非常重要的。在无线传感器网络中,每一层都有不同的物理层的安全方法,主要考虑编码增加保密安全;保密和网络层的链路被认为是数据结构和信息加密技术的路由;应用层研究密钥管理和交流,为下一层加密提供安全支持。传统的安全设计主要采用分层的方法,无法稳妥地解决无线传感器网络中的安全问题。由于研究侧重点不同,不同层次的安全性和网络性能具有不同的跨层设计,通过采用跨层设计的方案可以平衡这两个因素,在安全性要求和网络性能上是一个很好的妥协方案。

　　在单层设计中,以链路层为例,由于无线传感器网络开放的网络环境,数据包可能发生不匹配,即碰撞。对于碰撞攻击,应采用纠错编码技术对碰撞数据进行修正。另外,必须采取一些渠道使用策略,并增加通道监控和重传机制。

在无线传感器网络中,网络连接主要依赖于节点之间的协作。如果其中一个节点有意停止中继分组,网络将无法进行正常通信,这个节点也被叫作自私节点。为了减少这种情况的发生,需要采取两种解决方案:一种是执行通信协议,鼓励节点执行中继任务;另一种是检测通信协议中的自私节点,对它们进行警告和惩罚,使它们回到协作模式。所有的解决方案都需要使用跨层方法,因为自私行为可能发生在所有级别,尤其是 MAC 层和路由层。光是考虑一层行为并不能有效地阻止自私行为,因此需要跨层考虑。比如,在 MAC 层和网络层的跨层考虑中,安全机制的一部分被放置在节点的网络层上,并通过其后续节点监视其中继分组;安全机制的其他部分被放置在 mac 层,负责在跳和跳之间插入信息,例如 ACK 信息和中继,这种交换信息被用来寻找高层次的安全机制自私节点。当检测到自私节点时,MAC 层的安全组件通常采取措施,可以快速检测自私节点,比网络层更快。

10.2 无线传感器网络协议栈的安全

随着传感器网络的进一步探索,研究工作者开发出了传感器网络协议栈,如图 10.1 所示。协议栈包括物理层、数据链路层、网络层、传输层和应用层,它们对应于因特网协议栈的五层协议。此外,协议栈还包括能量管理平台、移动管理平台和任务管理平台。这些管理平台使传感器节点以高效节能的方式协同工作,还可以在节点移动传感器网络中传输数据,支持多任务和资源共享。各层协议和平台的功能如下:

1)物理层供应简单但需要健壮的信号调制和无线收发器技术。

2)数据链路层负责数据帧、帧检测、介质访问和差错管理。

3)网络层主要负责路由生成和路由选择。

4)传输层负责数据流的传输管理,这是确保通信服务质量的一个关键部分。

5)应用层包括多项基于监控任务的应用层软件。

6)能量管理平台管理传感器节点的能量,需要考虑每个协议层的能量问题。

7)移动管理平台检测并记录传感器节点的位移情况,并将路由信息保存到汇聚节点,完成传感器节点动态跟踪其邻居位置的监视任务。

8)任务管理平台在特定区域内平衡和安排各种监控任务。

图 10.1(b)所示的协议栈对原始模型进行了改善和优化。地点和时间

同步子层协议在协议栈中的处境更特别。他们不仅要依靠数据传输信道同步协商定位和时间,还需要提供各层网络协议的信息支持,如基于 MAC 协议,基于地理位置和多传感器网络协议路由协议需要定位和同步信息。所以这两个功能子层进行了倒 L 形,如图 10.1(b)所示。图 10.1(b)右侧的机制部分集成到图 10.1(a)所示的协议中,该协议用于优化和管理协议过程。另一部分独立于协议的外层,它通过各种收集和配置接口配置来监视相应的机制。如图 10.1(a)所示在每个协议层来增加能量的控制代码,并提供能量的分配决策的操作系统;在协议设计的 QoS 管理,优先级队列管理机制和带宽预留机制,和应用程序特定的数据给予特殊处理;拓扑控制;物理层的使用,链路层和路由层的拓扑生成,从而提供基本的信息支持,流程优化协议的 MAC 协议和路由协议,协议来提高效率,减少网络的能量消耗;网络管理协议层嵌入的信息界面,并收集协议的运行状态和交通信息,网络运行中各协议组件的协调控制。

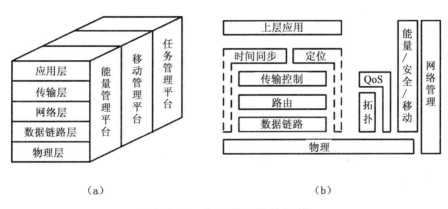

（a）　　　　　　　　　　　　（b）

图 10.1　传感器网络协议栈

10.2.1　物理层的攻击与安全策略

1. 拥塞攻击

在传感器网络的频带上发送不需要的信号,攻击节点使传感器无法进行正常活动。拥塞攻击单频无线通信网络效果很好,可通过使用宽频和跳频的方式来应对单频点的拥塞攻击,面对全频段不间断的拥塞攻击能够选择的方法只剩下一种,那就是改变通信方式,而光通信方法和红外通信的方法则是有效的替代方法。由于全频拥塞攻击实施起来难度太大,通常很少有攻击者会选用这种方法,所以传感器网络也可以通过持续减少自己本身活动的占空比来应对除了持续拥塞攻击之外的别的拥塞攻击;高优先级的数据包通知基站从局部拥塞攻击,由基站和映射外部轮廓定位攻击。在整个网络中,拥塞通知区域、数据通信、节点拥塞区域作为拥塞区域周围的路由孔,通过避开拥塞区域将数据传输到目的节点。

2. 物理篡改

敌人能够捕获节点,得到加密密钥和其他敏感信息,所以能够不被限制地访问上层信息。

鉴于不可避免的物理伤害,可以采取如下防御措施:

1)增加物理损伤感知的机制。当节点感知到被破坏时,它们可以破坏敏感数据,断开网络,修改安全处理程序等。保护网络的其他部分不受安全威胁。

2)敏感信息的加密存储。通信加密密钥、认证密钥和各种安全启动密钥都需要严格保护。当实现时,尽可能地将敏感信息放在易失性存储器上,否则,加密应该首先被处理。

10.2.2 链路层的攻击与安全策略

1. 碰撞攻击

在无线环境中,如果两个设备在相同的时间内都在进行发送工作,它们的输出信号不能因为彼此的叠加而分离。只要数据包在传输过程中有一个字节的数据产生了冲突,整个数据包就会被丢弃,这种冲突称为链路层协议中的冲突。对于碰撞攻击,可以使用纠错编码、信道监视和重传来应对。

2. 耗尽攻击

耗尽攻击是指使用协议漏洞通过连续通信耗尽节点的能量资源。例如,使用链路层的数据包重传机制,节点更新包和耗尽节点资源。处理耗尽攻击的一种方法是控制网络的传输速率,节点自动放弃那些冗余数据请求,但这将降低网络效率。另一种方法是在协议实现时执行一些执行策略,忽略频繁请求,或者限制同一包的重传次数,以避免恶意节点的无休止干扰造成的能量消耗殆尽。

3. 非公平竞争

假如在网络包的通信机制中进行优先级控制，则恶意节点或捕获节点可用于在网络上发送高优先级的分组以占据信道，从而导致其他节点在通信过程中处于不利地位。这是一个弱的 DoS 攻击，敌人需要允分了解 MAC 层协议机制的无线传感器网络，并开展使用的 MAC 协议的干扰攻击缓解计划是使用短的分组策略，即在 MAC 层中不允许使用长包，每个包减少占用信道的时间；也可以不使用优先策略、竞争或 TDM 来完成数据的传输。

10.2.3　网络层的攻击与安全策略

网络层完成路由协议。无线传感器网络中存在多种路由协议，大致分为 3 类：以数据为中心的路由协议、分级路由协议和基于位置的路由协议。在以数据为中心的路由协议中，通常由信宿节点发出查询，满足条件的传感器节点将数据发送回信宿节点。和单层路由协议不同的是，分层路由协议具有更好的可扩展性和更容易的数据融合，从而降低了功耗。基于位置的路由协议需要知道传感器节点的位置信息，它可以用来计算节点之间的距离，估计能量消耗，并建立更有效的路由协议。

在无线传感器网络中，大量传感器节点密集分布在一个区域内。消息可能需要经过几个节点才能到达目的地。此外，由于传感器网络的动态性，没有固定的基础设施，因此每个节点都需要具有路由功能。由于每个节点都是可能存在的路由节点，所以无线传感器网络受到攻击的概率更大。其攻击主要有以下几种：

1）虚假路由信息：通过欺骗、改变和重新发送路由信息，攻击者可以创建路由环路或吸引网络流量，延长或缩短路由路径，形成错误消息，伪造分段网络，增加端到端时延。

2）选择性转发：当一个节点接收到数据包时，它有选择地转发或不转发接收到的数据包，导致数据包无法到达目的地。

3）天坑攻击：声称供应充足、可靠和有效的手段来选择它作为航路点吸引周边节点的攻击，然后和其他攻击（如攻击、改变数据包的内容）的组合来达到攻击的目的。由于传感器网络固有的通信方式，即所有包都被发送到相同的目的地，所以它特别容易受到此攻击。

4）Sybil 攻击：在这种攻击中，一个节点出现在多重身份的网络中的其他节点，使得它更容易在路由路径变成节点，再结合其他的攻击方法来达到攻击的目的。

5）HELLO flood 攻击：许多路由协议要求传感器节点定期发送 hello 包来声明自己的邻居节点。然而，当强大的恶意节点以相当大的功率广播 hello 包时，接收 hello 包的节点会把恶意节点当作它们的邻居。

6）虫洞攻击：这种攻击通常需要两个恶意节点相互串通，共谋攻击。通常来说，一个恶意节点位于基站附近，另一个恶意节点远离基站，基站和节点可以建立在低延迟、高带宽的链路附近，以便将包周围的节点吸引到这里。在这种情况下，离基站很远的那个恶意节点也是一个天坑。虫洞攻击可用于与其他的攻击组合，如选择性转发、Sybil 攻击，等等。

网络层路由协议为整个无线传感器网络提供了密钥路由服务，面向路由的攻击会导致整个网络发生瘫痪。安全路由算法直接影响到无线传感器网络的安全性和可用性，是整个无线传感器网络安全研究的关键。迄今为止，已经提出了许多安全路由协议。这些协议通常使用链路层加密和认证，多路径路由、身份认证、双向连接认证和认证广播有效抵抗外部伪造的路由信息，Sybil 攻击和泛洪攻击。通常这些方法可以直接应用于现有的路由协议，从而提高路由协议的安全性。天坑攻击，虫洞攻击很难找到抵御的有效途径。然而，基于位置的路由协议可以检测和抵御的天坑，虫洞攻击定期有效探测黑洞面积。

10.2.4　传输层和应用层的安全策略

1. 传输层安全

传输层用于建立无线传感器网络和因特网或其他外部网络之间的端到端连接。由于无线传感器网络中节点的局限性，节点不能保存大量的信息以维持端到端的连接，向节点发送消息会消耗大量的能量。因此，无线传感器网络的大部分应用对传输层没有需求。

2. 应用层安全

应用层提供了无线传感器网络的各种实际应用，也面临着各种安全问题。在应用层，密钥管理和安全组播为整个无线传感器网络的安全机制提供了安全基础设施。

无线传感器网络的应用非常广泛。对于安全性，应用层的研究主要集中在如何为整个无线传感器网络安全提供基础研究，即密钥管理和安全组播的研究。

10.3　无线传感器网络的密钥管理

无线传感器网络的信息和通信依赖于安全,密钥的安全在无线传感器网络的通信安全中起着重要的作用。根据安全应用的要求,确定采用什么样的密钥管理机制是安全的。目前,无线传感器网络的密钥管理机制包括预置主密钥机制、预置密钥对机制、公钥加密机制、密钥分配中心机制和随机密钥预分配机制。此外,还有许多新的密钥管理机制,如轻量级密钥分发机制。

本部分对无线传感器网络密钥管理的一些基本内容进行了深入的分析和讨论,重点阐述了一些典型的密钥管理方案和性能分析。

10.3.1　密钥管理的安全需求

无线传感器网络不同于传统计算机网络,它具有传统计算机网络所不具备的特性。因此,除了要具备传统网络密钥管理的一些基本需求,如保密性、完整性、真实性或可验证性等,也提出了一些特别的要求:

1)协议和算法的轻量化。由于硬件存储容量和能量消耗的限制,所需的无线传感器网络密钥管理协议需要较少的通信、计算和存储。

2)可用性或可访问性:为了节省资源,延长传感器节点的寿命,关键是避免不必要的管理和操作;此外,密钥管理协议不能有效执行障碍物传感器网络的监测任务;最后,密钥管理协议来减少节点捕捉网络的残余影响。

3)可扩展性:随着无线传感器网络规模的扩大,密钥管理带来的通信、计算和存储负担不增加。理想状态下无线传感器网络独立于网络规模。

4)自组织:在无线传感器网络部署之前,不能提前知道网络的部署安排,所以密钥管理协议必须能够选择合适的机制来满足这些特性。

10.3.2　密钥管理方案的分类

最近几年,无线传感器网络密钥管理的研究取得了非常大的成果。不同的方案机制有不同的侧重点,根据这些方案的特点,可以对其进行适当的划分。

1. 对称密钥管理与非对称密钥管理

依据所使用的密码体制,无线传感器网络密钥管理分为对称密钥管理和非对称密钥管理。在对称密钥管理通信中,双方使用相同的密钥对数据进行加密和解密,对称密钥管理密钥长度短、计算量大、通信和存储成本相对较小,更适合于无线传感器网络,当前无线传感器网络密钥管理研究中的大部分都集中在对称密钥管理上。而非对称密钥管理,节点有不同的加密和解密密钥以及相对高的对称密钥管理计算节点的存储和通信的要求,曾经有段时间被认为无法应用于无线传感器网络,然而最近的研究成果显示,非对称加密算法在优化后可以应用到无线传感器网络。

2. 分布式密钥管理和层次式密钥管理

根据网络的结构,无线传感器网络密钥管理分为分布式密钥管理和分级密钥管理。在分布式密钥管理中,节点具有相同的通信和计算能力。节点间的生成、分配和更新过程采用预先分配的密钥。在分级密钥管理中,节点分为簇,每个簇有一个强大的簇头。公共节点的密钥分配、协商和更新都是通过簇头完成的。分布式密钥管理的特点是通过相邻节点的协作实现密钥协商,具有较好的分布特性。分级密钥管理的特点是计算量和存储量低,但簇头的破坏将导致严重的安全威胁。

3. 静态密钥管理与动态密钥管理

无线传感器网络密钥管理分为静态密钥管理和动态密钥管理,这种划分方式是基于密钥在节点部署后的更新状态。对于静态密钥管理,在前期节点部署时,分配一定数量的密钥,通过协商和沟通的密钥生成部署后,通信密钥在网络运行期的整个阶段都不会出现密钥更新和撤销的状态;在动态密钥管理中,密钥分配、谈判、撤销则是周期性进行的。

静态密钥管理的关键是不需要频繁更新通信密钥,这样不会引起计算量和通信开销的增加,但如果有捕获节点,将对网络产生安全威胁。动态密钥管理的关键是使通信密钥能够动态更新。攻击者利用捕获节点很难获得实时密钥信息,可是密钥的动态操作会引起通信量和计算量的增加。

4. 随机型密钥管理与确定型密钥管理

基于节点的密钥分配方式,无线传感器网络密钥管理分为随机密钥管理和确定性密钥管理。在随机密钥管理中,节点的密钥环是通过随机方式获得的,例如,从一个大型密钥池中随机选择一部分密钥。在确定的密钥管理,密钥环是一个确定的方法获得,如已知的地理信息或对称 BIBD 的使用(平衡不完全区组设计)。从连接概率的角度来看,随机密钥管理的密钥连通概率介于 0 和 1 之间,而确定性密钥管理的连通概率始终为 1。随机密钥管理的优点是密钥分配简单,节点部署方式不受限制。缺点是密钥分配是随机的,节点可能会存储一些闲置的密钥造成存储空间的浪费。确定型密钥管理的优点是针对性强,节点的存储空间闲置空间较少,两个节点可以直接建立通信密钥;缺点是特殊配置的使用将减少灵活性,密钥协商的计算和通信开销比较大。

10.3.3　密钥管理的评估指标

在传统网络中,通常分析口令安全管理方案可以提供一种密钥管理方案来评估其优缺点,可是在无线传感器网络中,需要同时考虑无线传感器网络的特点和局限性进行分析。这里有一些具体的评价指标。

1. 安全性

因为密钥管理方案本身就是为了实现安全的目标而设计的,因此其安全性是首要考虑的因素,包括保密性、完整性、可用性等。

2. 抗攻击能力

考虑到传感器节点的脆弱性,很容易受到恶意物理攻击的攻击,导致机密信息泄露。抗攻击能力是指当网络的某一部分受到攻击时,对其他正常节点之间的通信影响有多大。一个理想的密钥管理方案应该是在某些节点受到攻击后,不影响其他正常节点之间的安全通信。

3. 网络的扩展性

在实际应用中,网络中部署了大量的传感器节点来完成所需的任务,因此密钥管理方案必须支持大规模的网络规模。这是一个非常关键的评价指标,它直接影响到密钥管理方案的可用性。

4. 负载

相对于节点的功率,密钥管理方案必须具有较低的功耗。此外,节点消耗的能量远远大于计算操作所消耗的能量,所以密钥管理方案中的通信负载越小越好。

由于节点的计算能力,传统网络中广泛使用的复杂加密算法和签名算法不能很好地应用于无线传感器网络,因此需要设计更简单的密钥管理方案。类似地,传感器节点的物理特性也决定了其存储容量,并且节点可以存储的信息是有限的。在许多预分发方案中,传感器节点需要预先保存某些信息。一个与实际应用相一致的密钥管理方案要求预先分配每个节点尽可能少的信息。

5. 网络的动态变化

网络的动态变化包括节点动态连接和离开两种情况。由于攻击和电源耗尽会节点不能工作的,所以该方案必须确保网络的后向安全性,也就是说,在节点离开后,他们不能继续在网络中获取重要数据。同时,旧节点的离开需要新节点的加入,所以该方案必须支持网络的扩展,保证网络的前向安全性,即新节点在接入网络前不能获取秘密信息。

6. 认证

认证是无线传感器网络安全需求中的一个关键部分。通过节点间的认证,可以抵抗多种攻击,如复制节点、伪造节点等攻击。因此,实现节点间的认证是无线传感器网络密钥管理方案的关键评价指标。

10.4 拒绝服务(DoS)攻击的原理及防御技术

10.4.1 DoS 攻击原理

拒绝服务攻击,即攻击者希望停止目标机器提供服务,是黑客使用频率较高的一种攻击方式。事实上,对网络带宽的消耗攻击只是拒绝服务攻击的很少一部分。只要它能给目标造成麻烦,使某些服务暂停,甚至主机崩溃,就是拒绝服务攻击。拒绝服务攻击问题没有得到很好的解决,其原因是网络协议本身的安全缺陷,拒绝服务攻击已经成为攻击者的最终手段。攻击者执行拒绝服务攻击,这实际上使服务器实现了两种效果。首先,服务器的缓冲区被占用,并没有收到新的请求;其次,使用 IP 欺骗迫使服务器重置合法用户的连接,这将影响合法用户的连接。

下面简单介绍常见的几种拒绝服务攻击原理。

1. SYN Flood

SYN Flood 是目前最流行的 DOS 和 DDoS(分布式拒绝服务攻击)的方式中的一种,这是一个使用 TCP 协议的缺陷,发送大量伪造的 TCP 连接请求,使被攻击方资源耗尽(CPU 满负荷或满内存)的攻击方式。

SYN 洪水攻击过程称为 TCP 协议中的三次握手,通过三次握手实现 SYN 拒绝服务攻击。

1)攻击者向受攻击的服务器发送包含 SYN 标志的 TCP 消息,SYN(同步)是同步消息。同步消息指明客户端使用的端口和 TCP 连接的初始序列号。此时,第一次握手是由受攻击的服务器建立的。

2)在接收攻击者的 SYN 消息后,受损服务器将返回一条 SYN+ACK 消息,该消息指示攻击者的请求已被接受。相同时间内,TCP 序列号被加一,ACK(确认),以便第二次握手由被攻击的服务器建立。

3)攻击者还向受损服务器返回确认消息 ACK,同样,TCP 序列号被加一,完成三次握手。

其原理是:在 TCP 三次握手连接过程中,如果一个用户发送一个 SYN 报文到服务器后突然崩溃或掉线,那么服务器在发出一个 SYN+ACK 报文后,无法收到客户端的 ACK 报文(第三次握手完成),在这种情况下,服务器一般会再次发送(再发送一次 SYN+ACK 给客户端)并等待一段时间后丢弃未完成的连接。这段时间称为 SYN 超时时间,一般这个时间是分钟的数量级(通常在半分钟到两分钟);一个用户出现异常导致服务器的一个线程等待 1 分钟并不是什么大问题,但如果有恶意攻击者大量模拟这种情况(伪造 IP 地址),服务器端将为了维护一个非常大的半连接列表会消耗更多的资源。即使简单的保存和遍历也会消耗大量的 CPU 时间和内存,而且还需要对这个列表中的 IP 重试 SYN+ACK。事实上,如果服务器端的 TCP/IP 协议栈不够强大,最后的结果往往是堆栈溢出崩溃——即使服务器端系统足够强大,服务器端也会忙于对付攻击者的 TCP 连接请求而无暇顾及客户的正常要求(毕竟客户是非常小的正常请求率)。从普通顾客的角度来看,在这种情况下,服务器失去响应,称为服务器受到 SYN Flood 攻击(SYN 洪水攻击)。

2. IP 欺骗 DOS 攻击

如果一个合法用户(61.61.61.61)已与服务器正常连接。攻击者构造攻击的 TCP 数据,伪装自己的 IP 为 61.61.61.61,并发送了一个 TCP 数据段给服务器。服务器收到数据后,认为从 61.61.61.61 发送连接错误,将清理缓冲好的连接。在这个时候,如果合法用户 61.61.61.61 发送合法数据,服务器已经没有这样的连接,所以用户必须重新启动连接的建立。攻击时,攻击者将伪造大量 IP 地址,将 RST 数据发送给目标,使服务器不为合法用户服务,从而实现对服务器的拒绝服务攻击。

3. UDP 洪水攻击

攻击者利用简单的 TCP/IP 服务,如 CHARGEN 和回声,传输占满带宽的无用数据。通过伪造与一个主机的 chargen 服务之间的一个 UDP 连接,回复地址指向运行着回声服务的主机,所以会有很多无用的数据流在两台主机之间。这些无用的数据流将导致带宽服务攻击。

4. Ping 洪流攻击

在初期阶段,数据包的尺寸受到路由器的限定。大部分操作系统的 TCP/IP 栈实现 ICMP 包中指定的 64 KB,在阅读数据包报头后,根据报头的标题包含的信息为有效载荷生成缓冲区。当存在一个错误的格式,声称其大小超过 ICMP 限制时,如果负载的大小超过 64 KB,就会发生内存分配错误,从而导致 TCP/IP 堆栈崩溃,导致接收器崩溃。

5. 泪滴(Teardrop)攻击

泪滴攻击是利用信息包报头中包含的信息在 IP 堆栈中实现自己的攻击。IP 段包含指示原始包的哪个部分包含的信息,一些 TCP/IP(包括服务包 4 以前的 NT)在接收包含重叠偏移的伪造段时会崩溃。

6. Land 攻击

Land 攻击,一个特制的 SYN 包中的原地址和目标地址设置为服务器的地址,这将导致接收服务器地址发送自身 SYN-ACK 消息,结果这个地址发回 ACK 消息并创建一个空的连接,这种连接将直到超时取消预订。与 Land 攻击不同,许多 UNIX 实现将崩溃,Windows NT 将变得极其缓慢(一般约 5 min 左右)。

7. Smurf 攻击

一个简单的 Smurf 攻击的原理是通过使用将回复地址设置成受害网络的广播地址的 ICMP 应答请求(Ping)数据包来淹没受害主机,最终导致该网络所有主机都对此 ICMP 应答请求做出回复。它比 Ping of Death 洪水的流量高出一到两个数量级。更复杂的 Smurf 攻击将源地址改为第三方的受害者,最终导致第三方的崩溃。

8. Fraggle 攻击

Fraggle 攻击实际上是对 Smurf 攻击的一个简单的修改,使用 UDP 响应消息而不是一个 ICMP。

10.4.2　DoS 攻击属性

J. Mirkovic 和 P. Reiher 提出了拒绝服务攻击的属性分类法。攻击属性分为三类:攻击静态属性、攻击动态属性和攻击交互属性。根据 DoS 攻击的这些属性,我们能够对攻击进行详细分类。所有在连续攻击中通常不改变的属性,也就是攻击静态属性,在攻击开始之前就已经确定了。攻击的静态属性由攻击者和攻击本身决定,是攻击的基本属性。在攻击过程中可以动态更改的属性,如攻击目标选择、时间选择和源地址的使用方式,称为攻击动态属性。不仅与攻击者有关,而且与特定受害者的配置、检测和服务能力有关的这些属性称为攻击交互属性。

1. 攻击静态属性(Static)

攻击静态属性主要包括攻击控制方式、攻击通信方式、攻击原理、攻击协议层和攻击协议等。

(1)攻击控制方式(Control Mode)

攻击控制方式直接关系到攻击源的隐蔽程度。根据攻击者控制攻击主机的方式,可分为三种:直接控制模式(Direct)、间接控制模式(Indirect)和自动控制模式(Auto)。

直接控制方法是在攻击主机上直接由用户手动操作,确定攻击的目标、发起和停止。这种攻击比较容易跟踪,如果能够准确地跟踪攻击包,通常可以找到攻击者的位置。

在间接控制方式的攻击中,DDoS 攻击的战略聚焦的"机器人"(被攻击者入侵或间接利用的主机)向受害主机发送大量看似合法的网络包,从而造成网络阻塞或服务器资源耗尽而导致拒绝服务,分布式拒绝服务攻击一旦实施,网络数据包就会像洪水,受害主机的网络数据包泛滥,导致合法用户无法正常访问服务器的网络资源。

自动控制攻击是在特定的时间内,在蠕虫或攻击程序的发布中建立攻击模式来攻击指定的目标。通过这种方式,从攻击机那里跟踪攻击者通常是很困难的。但这种控制方式的攻击也是高度技术性的。

（2）攻击通信方式（Comm Mode）

在间接控制攻击中，控制器和攻击者之间有多种通信方式。它们之间的通信方式也是影响跟踪困难的重要因素之一。攻击通信可分为三种类型：双向通信（BI），单向的沟通（MONO）和间接通信方式（Indirection）。

双向通信是指由攻击者接收的控制数据包包括控制器的真实 IP 地址，例如，当控制器使用 TCP 与攻击者连接时，通信方式是双向通信。这种通信模式可以很容易地从攻击机找到它的上层控制器。

单向通信是指攻击者向攻击机发送的数据包不包含发送者的真实地址信息，例如，用伪造的 IP 地址的 UDP 包向攻击机发送指令。这种攻击很难从攻击机找到控制器。只有通过包标记和其他 IP 跟踪方法，才可能找到向攻击机发送指令的机器的真实地址。然而，这种通信方式在控制上有一定的局限性，例如，控制器很难获得攻击机的信息反馈和状态。

间接通信是一种通过第三方交换的双向通信，这种通信方式具有隐蔽，难以跟踪，难以监测和过滤特性，对攻击机的审计和跟踪往往只能追溯到一个普通的中间层，在通信服务器上很难继续进行。这种通信方式主要是通过 IRC（Internet 中继聊天）发现的。由于 DDoS 攻击工具称为三位一体出现在 2000 年 8 月，许多 DDoS 攻击工具和蠕虫已经采用这种通信方式。

（3）攻击原理（Principle）

DoS 攻击的原理分为两类：语义攻击（Semantic）和暴力攻击（Brute）。

语义攻击是指利用目标系统的缺陷和弱点实现对目标主机的拒绝服务攻击。这种攻击通常不要求攻击者具有高攻击带宽，有时只发送 1 个包来实现攻击目标。防止这种攻击只需要修复系统中的缺陷。暴力攻击是指在目标系统中不需要任何缺陷或漏洞，但攻击的目的是通过发送超过目标系统服务能力的服务请求，也就是说，风暴攻击来实现的。因此，这种攻击的防御必须借助受害者的上游路由器，过滤或转移攻击数据。一些语义和暴力攻击两种攻击的特点，如 SYN 风暴攻击，虽然利用了 TCP 协议自身的缺陷，但仍需要攻击者发送大量的攻击要求，用户来抵御这种攻击，不仅需要提高系统本身，还需要增加资源服务能力。也有一些攻击使用系统设计缺陷来对高于攻击者带宽的通信数据产生暴力攻击，如 DNS 请求攻击和 Smurf 攻击。这些攻击可以在改进协议和系统后消除或减轻危害，因此可以归结为语义攻击的范畴。

（4）攻击协议层（ProLayer）

攻击的 TCP/IP 协议层可以分为四类：数据链路层、网络层、传输层和应用层。数据链路层的拒绝服务攻击［Convery］［fischbach01］［fischbach02］受协议本身的限制，它只能在局域网中进行，这种类型的攻击是比较罕见的。

在网络层的攻击主要是针对目标系统处理 IP 数据包漏洞的时候,如〔anderson01〕IP 碎片攻击。对传输层的攻击在实践中出现较多,如 SYN 风暴、ACK 风暴等。对应用层有更多的攻击,许多使用应用程序漏洞(如缓冲区溢出攻击)的高毒性数据包攻击属于这种类型。

(5)攻击协议(Pro Name)

攻击协议是指涉及攻击的最高级别的特定协议,如 SMTP、ICMP、UDP、HTTP 等。在攻击中涉及的协议层越多,受害者就越消耗分析攻击包的计算资源。

2. 攻击动态属性(Dynamic)

攻击动态属性主要包括攻击源地址类型、攻击包数据生成方式和攻击目标类型。

(1)攻击源地址类型(SourceIP)

攻击者在攻击包中使用的源地址类型有三种:真实地址(真)、伪造地址(合法)和伪造非法地址(伪造非法)。

攻击者可以攻击时使用合法的 IP 地址,也可以使用伪造的 IP 地址。伪造的 IP 地址可以使攻击者更容易躲避跟踪,增加受害者识别和过滤攻击包的难度。然而,某些类型的攻击必须使用真正的 IP 地址,如连接耗尽攻击。实际 IP 地址的使用近年来逐渐下降,因为它容易被跟踪和防御。伪造 IP 地址攻击的使用分为两种类型:一是 IP 网络地址的使用,这种伪造是反射攻击所需的源地址类型;二是其他未分配或保留使用的 IP 网络地址(如 192.168.0.0/16、172.16.0.0/12 等内部网络保留地址)的使用。

(2)攻击包数据生成模式(Data Mode)

攻击包中包含的数据信息主要有五种方式:无需生成数据(无)、统一生成模式(唯一)、随机生成模式(随机)、字典模式(字典)和生成函数模式(函数)。

在攻击者实施的风暴式拒绝服务攻击中,攻击者需要向目标主机发送大量的数据包,包含这些负载的数据包可以有多种生成模式,不同的攻击包生成模式对于受害者的检测能力和过滤方面都有很大的影响。一些攻击包不需要包含负载,或者只包含适当的固定负载,如 SYN 风暴攻击和 ACK 风暴攻击。这两个攻击的负载是空的,所以不能通过加载来分析这种攻击。但对于其他类型的攻击包,则需要携带相应的负载。

攻击包的加载方式可以分为四种:第一种方式是在同一负载下发送数据包,这种包装由于其明显的特点很容易被发现。第二种方式是发送随机生成的数据包,对随机生成的负载虽然是通过模式识别方法检测,但可能在应用中产生大量没有实际意义的包,这些没有意义的包也很容易被过滤,但攻击者仍然可以精心设计负荷的随机生成方式,受害者只有解决了应用层协议才能识别攻击数据包,从而增加过滤困难。第三种方式是攻击者可以从一组有意义的负载集中每次提取一个有意义的负载到一个攻击包中,当集合的规模较小时,也很容易检测到。第四种方式是根据一定的规则,每次产生不同的负载。根据生成函数的不同,这种检测方法的难度也不同。

(3)攻击目标类型(Target)

攻击目标类型可分为六类:应用程序(Application)、系统(System)、网络密钥资源(Critical)、网络(Network)、网络基础设施(Infrastructure)和互联网(Internet)。

对于攻击的具体应用是一种常见的攻击模式,更具毒性的数据包攻击,包括特定的程序,利用应用程序的脆弱性来拒绝服务攻击,并用于一类应用程序,连接耗尽是拒绝服务攻击。对系统的攻击也很常见,例如,SYN风暴、UDP风暴和严重的毒包攻击,这些攻击可能导致系统崩溃和重新启动,这可能导致整个系统难以提供服务。对关键网络资源的攻击包括对特定DNS和路由器的攻击。面向网络的攻击是指以整个局域网的所有主机为目标的攻击。鉴于网络基础设施的攻击要求攻击者拥有相当多的资源和技术,目标是根服务器、骨干路由器、大型证书服务器等网络基础设施,此类攻击的数量不多,但一旦攻击成功,损失是不可估量的。网络攻击是由蠕虫和病毒引起的,蠕虫和病毒在整个互联网上传播,造成大量主机和网络拒绝服务攻击,这种袭击的损失尤其严重。

3. 攻击交互属性(Mutual)

攻击交互属性不仅与攻击者的攻击模式有关,还与受害者的能力有关。它主要包括攻击的探测程度和攻击效果。

(1)可检测程度(Detective)

根据是否可以检测和过滤攻击数据包,受害者对攻击数据的检测能力由低到高,可分为三个层次:滤过性、非滤过性和无法具象化。

首先,对于攻击对象,攻击包具有更明显的可识别特性,通过对具有这些特征的数据包进行过滤,可以有效地抵御攻击,保证服务的持续性。其次,对受害者来说,虽然具有识别特征的攻击包更为明显,但如果过滤器具有这些数据包的特性,虽然可以阻止攻击包,但也会影响到服务的连续性,因此它不能从根本上防止拒绝服务。最后,对于受害者来说,攻击包和其他正常数据包之间没有明显的特征,这意味着所有包对受害者来说都是正常的。

（2）攻击影响（Impact）

根据对目标的攻击造成的损害程度,攻击效果由低到高,可以分为无效（None）,服务（Degrade）,可自恢复的服务破坏（Self-recoverable）,可人工恢复的服务破坏（Manu- recoverable）和不可恢复的服务破坏（Non-recoverable）。

如果在拒绝服务攻击发生时,目标系统仍能提供正常服务,则攻击是无效攻击。如果攻击能力不足以使目标完全拒绝服务,但目标的服务能力降低,这种效应称为服务还原。当攻击能力达到一定程度时,攻击会使目标完全丧失服务能力,即服务破坏。服务中断也可分为可恢复服务中断和不可恢复服务中断。目前,网络拒绝服务攻击造成的服务中断通常是可恢复的。一般来说,由风暴型 DDoS 攻击所引起的服务故障可以自我恢复。当攻击数据流消失时,目标可以恢复正常工作状态。利用系统漏洞的攻击会导致目标主机崩溃,需要重新启动人工恢复系统;利用目标系统的漏洞使目标文件系统的一些关键数据遭到攻击破坏,使系统损失,往往造成不可恢复的破坏。

10.4.3　预防 DoS 攻击的策略

1. 防火墙防御

防火墙是抵御 DoS 攻击最有效的方法,许多厂商的防火墙目前正在为 DoS 攻击注入特殊的功能。防火墙防御 DoS 攻击主要有两种技术,即连接监听（TCP 侦听）和同步网关（SYN 网关）。

防火墙首先将任何客户端请求的服务器的连接（包括攻击）按照正常的连接发送到服务器,然后通过 ACK 源 IP 客户端接收的判断来确定它是否是一个正常的连接。如果是攻击请求,然后发送到服务器立即断开 RST 报文。

同步网关的工作顺序正好与连接监控相反。防火墙首先确定来自客户端的连接是否是正常连接。如果是,则连接被转发到服务器;如果不是,则立即断开连接。与连接监控的性能相比较,具有同步网关的防火墙性能比较好。因此,在购买防火墙时,我们可以根据它的工作原理来选择。

2. 路由器防御

路由器可以用作整个因特网的网络设备。但大多数制造商的路由器没有直接防御能力。Cisco 路由器将先前描述的连接监控功能添加到 IOS,它具有一般性能。然而,通过使用路由器的访问控制和 DOS 设置功能,可以实现 DoS 防御的目的。

1)反向代理机制 RPF(逆向路径转发)启用。基于 CEF 的路由器,RPF 指定路由器接收任何数据包。首先检查返回该数据包的源 IP 的路由是不是从接收到该数据包的接口(Interface)出去的,如果是则转发数据包,如果不是则丢弃该数据包,这样可以有效地限制源 IP 对不可达 IP 地址的数据包的转发。

2)使用功能限制流速率 CAR(Control Access Rate)。如果管理员在网络中发现 DoS 攻击,并通过 Sniffer 或其他方式发起 DoS 攻击数据流的类型,那么我们可以给数据流设置一个带宽上限,超过攻击流量的上限被丢弃,可以保证网络带宽被占用。

3)过滤流。网络管理员可以使用访问控制列表来过滤路由器上私有 IP 中的私有 IP 数据流量。此外,还可以通过路由器设置内部 IP 所允许的数据流,从而保证数据流的准确性。

3. 系统防御

每个操作系统都有一些参数来调节 TCP/IP 的操作性能。修改这些参数来防御 DoS 也是有效的,但这只是一个辅助措施。由于操作系统数量众多,操作系统之间存在很大的差异,管理员很难设置一些内核参数。

拒绝服务攻击是由 TCP/IP 协议的漏洞引起的,用上述方法对症下药。然而,IPv6 的规范现在基本上是完美的,并且很快将能够实践取代现有的 IPv4。IPv6 规范可以弥补 IPv4 的缺陷,所以当您真正使用 IPv6 时,您不必再担心被 DoS 攻击了。

10.5　无线传感器网络的安全路由

10.5.1　无线传感器网络几种典型路由协议的安全性分析

目前,无线传感器网络路由的研究主要集中在如何节约能源和如何快速找到最佳路径。这些研究主要考虑网络中的节点作为可信节点,而不考虑网络节点上恶意攻击的情况。在实际应用中,尤其是军事领域,网络中恶意节点的存在会破坏网络的机密性和网络的正常运行。路由协议是最脆弱的部分。以下分析几种典型路由协议的安全性。

1. 定向扩散路由的安全性

在定向扩散路由 DD(定向扩散)中,一旦源节点开始生成与查询需求相匹配的数据,攻击者此时就可以攻击数据流。这些攻击包括:采用虚假的路由信息,阻止数据流传输到 Sink 节点;攻击者声称自己是 Sink 节点,形成 Sinkhole 攻击;处于路由路径中的攻击者可以进行选择重发,修改数据报内容等攻击;攻击者还可以发起 Wormhole 攻击以及 Sybil 攻击等。虽然维护多路径的方法极大地增强了协议的健壮性,但由于缺乏必要的安全性,协议仍然很脆弱。

2. 层次路由 LEACH 的安全性

在分层路由中,由于 LEACH 采用单跳路由模式,假设所有节点可以直接与基站通信,对虚假路由、槽洞、虫洞、女巫攻击都有防御能力,但由于加入相应的集群节点,使得恶意攻击者可以很容易地根据信号的强度使用泛洪攻击用高功率广播的整个网络,使得大量的节点加入群集,然后恶意节点可以使用其他的攻击方法,如选择性转发的目的,修改数据包实现攻击。根据簇头的产生机制,节点可以使用 sybn 攻击,增加被选为簇头的机会。

3. 位置路由 GEAR 的安全性

在齿轮路由协议中,节点可以使用虚假的位置信息和 Sybil 攻击,并一直宣称,它的能量是最大的状态,提高其成为路由路径的节点的机会,然后结合选择性转发攻击,达到攻击的目的,因此,GEAR 不能抵御虚假路由、女巫选择性转发攻击。对于选择性转发攻击,恶意节点接收的数据包可以恶意丢弃,路由协议可以抵抗此类攻击,GEAR 路由也不例外。如何有效地防止攻击者发起内部攻击,是目前研究的难点。GEAR 路由能够抵御槽洞和虫洞攻击。槽洞攻击,地理路由具有较强的抵抗能力,因为在地理路由中,流量自然到基站的物理位置,以及路由和位置信息,攻击者需要声明自己的立场,所以很难创造其他地方的攻击者和孔槽;虫洞攻击,GEAR 路由能够抵抗,判断是否有两个节点是邻居,可以通过它们的位置信息来识别。当攻击者试图通过虚假链接吸引流量时,邻居会注意到它们之间的距离远远超出了正常的通信范围,从而发现该虚假链路。至于 HELLO Flood 攻击,这种攻击对 GEAR 不起作用,由于 GEAR 中的每个节点都知道其位置信息,所以节点可以根据位置信息来判断邻居。

针对上述攻击,可以采取一系列的攻击措施,包括链路层加密与认证、多径路由、身份认证、双向连接确认和广播认证。然而,重要的是要注意,这些措施只能在完成路由协议设计之前对协议的攻击起作用。

10.5.2 无线传感器网络安全路由协议

目前针对传感器网络的安全路由研究成果不多,主要的入侵容忍路由 INTRSN、INSENS、TRANS、SLEACH、安全区域路由 SLRSN、SRD 和其他安全区域路由协议大多采用链路层加密和认证的安全路由,多路径路由、认证、双向连接认证和认证广播的安全机制来抵抗攻击。

1. INSENS 入侵容忍路由协议

INSENS(入侵容忍的无线传感器网络路由)是一种新的无线传感器网络安全路由方案,是加入了动态源路由协议 DSR 形成的保障机制,目的是为了防止入侵者堵塞传感器(传感器)的正确传输数据采集。一个重要的特征是允许恶意节点(包括误操作节点)到一个小的节点数量在它周围的威胁,但威胁被限制在一定范围内,局部地区网络节点只能妥协单一损伤,但不能使网络故障,解决方案不依赖于入侵检测,但使用冗余机制,通过建立冗余的多径路由以获得安全路由。INSENS 协议是使其最小化 Sensor 节点的计算、通信、存储和带宽需求,并将这些交由基站承担。

2. TRANS 协议

TRANS(信任路由位置感知的传感器网络)协议是基于地理位置的路由安全机制(GPSR),提出了一种基于位置的无线传感器网络中恶意节点和可信路由的体系结构。其主要思想是使用信任的概念来选择安全路径,避免不安全的位置。假设目标节点使用时间同步机制来验证所有请求,每个节点为邻居的位置预先设置信任值,可信邻居是一个可以对请求进行解密并具有足够信任值的节点,这些信任值由基站或其他中间节点记录,基站只向其可信邻居发送信息。这些邻居节点将数据包转发给最接近目标节点的可信邻居,以便数据包沿着信任节点到达目的地。每个节点根据信任值计算其邻居位置参数,一旦信任值低于信任指定的阈值,当数据包转发信息来自位置时,协议的大部分操作都是在基站完成的,以减轻传感器的负担。

3. SLEACH 协议

SLEACH(Secure LEACH)协议是 LEACH 路由协议一种简单的修改

应用于 SPINS 协议框架的安全机制,主要是从安全的角度保证了 LEACH 协议的安全性,每个节点和基站,网络有一个独特的共享密钥。安全机制与 SPINS 大致相同。INSENS、TRANS、SLEACH 均假定每个 Sensor 节点都与基站有一个唯一的共享密钥,并且这种安全密钥已经存在。这种方式过于依赖基站,所以基站的物理安全必须得到保障。此外,密钥管理和传播的问题还有待解决。

第11章 无线传感器网络的发展趋势

随着近年来无线传感器网络理论与应用研究的不断深入,无线传感器网络呈现出从学术研究走向工业开发、从试验走向实用、从示范应用走向产业化应用、从个性化走向标准化的发展趋势。本章首先结合无线传感器网络的发展现状,介绍无线传感器网络的总体发展趋势,然后分别围绕无线多媒体传感器网络、无线容迟传感器网络、无线传感器与执行器网络和无线传感器网络的标准化趋势4个方面介绍无线传感器网络的发展趋势。

11.1 概 述

无线传感器网络是一种集综合信息采集、信息处理和信息传输等功能于一体的智能网络信息系统,它能够实时感知和采集各种环境数据和目标信息,实现人与物理世界之间的通信与信息交互。如果说互联网的出现改变了人与人之间的沟通方式,那么无线传感器网络的出现将改变人与物理世界之间的交互方式,使人能够通过无线传感器网络直接感知物理世界。因此,无线传感器网络在民用和军事领域具有十分广阔的应用前景,并且是实现物联网应用的重要基础。无线传感器网络涉及微机电、微电子、网络通信和嵌入式计算等主要技术,是一个国际上备受关注的多学科交叉前沿热点研究领域。

鉴于无线传感器网络广阔的应用前景,近年来国际上许多信息化发达国家对无线传感器网络的应用发展给予了高度重视。美国、欧盟、中国、日本、韩国等国家纷纷制订了无线传感器网络应用的长期战略发展计划,并投入了大量研究经费,开展无线传感器网络基础理论和应用技术的研究,以求解决无线传感器网络的各种理论和实际问题。在这些投入的支持下,无线传感器网络的基础理论和应用技术研究得到了广泛、深入的开展,并在过去的十多年中取得了显著的研究成果,大大促进了无线传感器网络的发展。

目前,针对许多无线传感器网络应用的系统已经出现,并开始投入实际使用。但总体而言,无线传感器网络的应用仍然处于初级阶段,许多研究成果还停留在试验阶段,大规模的无线传感器网络实际应用系统还没有真正出现,无线传感器网络的普及应用仍然受到许多因素的限制,许多技术问题还有待进一步研究和解决。另外,无线传感器网络的发展方兴未艾,大量针对无线传感器网络实际应用的研究正在积极进行之中。这些研究和努力必将促进无线传感器网络技术的进一步发展和无线传感器网络的普及应用。

11.2　无线传感器网络的总体趋势

随着近年来无线传感器网络理论与应用研究的深入开展以及无线传感器网络技术的逐渐成熟,无线传感器网络的应用得到了快速发展。无线传感器网络正在朝着多种类示范应用和逐步产业化的方向不断发展,且呈现出新的发展趋势;这些趋势主要包括应用多样性、可管理性、技术标准化和网络互联融合等几个方面。

11.2.1　应用多样性

无线传感器网络在环境监测、国防军事、工业监控、健康医疗、智能家居、公共安全等众多的领域具有广泛的应用前景,并已经在部分领域得到了应用。我国在上海浦东机场、重庆机场、无锡机场等场所已经或正在构建由多种类传感器组成的机场周界防入侵系统。这些传感器网络系统都呈带状特性,并且需要视频、声响、震动、微波以及组合气象等多种类传感器的协同配合,以实现多目标动态实时监测。由此形成一类应用越来越广泛的无线传感器网络——无线多媒体传感器网络。在健康医疗领域,人体传感器网络具有广阔的应用前景,人体佩戴的传感器可以检测心跳、血液、体温、血压等各种健康指标,在健康监护、提高人们的健康水平方面具有重要价值。在国防军事领域,通过部署在地面的大量微型传感器协同感知,可以实现对敌方武装人员、车辆、坦克、低空飞行器等多种目标的协同监测,具有多角度、多参数、利于侦察的优势,是雷达、卫星等远距离、大范围军用侦察手段的有益补充。

不同的无线传感器网络应用对组网、节点部署及网络特性具有不同的要求。有的应用需要中高速、中远程无线传输的支持,如多媒体无线传感器网络;有的应用需要低速短距无线通信的支持,如设备状况监控、智能家居等;有的应用条件下,可以定期更换电池或具备从外部提供能量的手段;而有的应用中,由于部署条件恶劣,节点二次充电是不可能的;而且,不同的应用涉及不同的传感器类型,如声、光、电、振动、微波、红外、温湿度等多种类传感器,对节点的处理、存储和传输能力要求也各不相同。

特别是,不同的无线传感器网络应用对于网络传输性能的要求有很大的差别。根据所能容忍的延迟程度,无线传感器网络应用可以划分为实时性应用和非实时性应用两大类型。前者通常要求数据能够及时传送,如森林火灾监测、煤矿瓦斯监测、地震报警等应用,传感器节点一旦检测到关注的事件发生,应该立即向基站或监控中心报告;后者则通常能容忍较大的传输延迟(简称"容迟"),如用于科学研究的数据收集、野外生态环境监测、地质活动状态跟踪等应用。在此类应用中,传感器节点的测量数据只需定期传送给基站或控制中心即可。由此发展出一类重要的无线传感器网络无线容迟传感器网络。

此外,无线传感器网络应用还存在另外一种形态,即感知与控制集中于一个网络。在这种网络中,一部分节点(传感器)执行感知任务,另一部分节点(执行器)完成控制任务,这就是无线传感器与执行器网络(WSAN)。在这种网络中,传感器节点负责采集物理世界的信息,然后以单跳或多跳的方式将采集的信息或数据发送给执行器节点。执行器通常是一些具有更强处理能力、更大发射功率、更长电池寿命的设备,能够在接收到传感器节点的数据或 sink 节点命令后执行预定的动作,改变对象环境,或调节工作参数。无线传感器与执行器网络技术的发展使得系统的人员值守需求进一步降低,使得网络更加人性化与智能化,是未来无线传感器网络技术发展的重要方向之一。

因此,仅仅采用一种无线传感器网络体系架构来支持所有无线传感器网络的应用是不切实际的。无线传感器网络系统的设计必须考虑特定传感器网络应用的要求、应用的环境、成本以及性能等多方面的要求。

11.2.2 可管理性

当前无线传感器网络应用通常采用分立式系统结构,缺乏统一的平台支撑,难以提供跨网的资源共享与数据融合支持。同时,终端发展迅速,种类繁多,质量参差不齐,缺乏统一规范,无法实现对终端的统一管理控制。无线传感器网络的有效管理要求实现简单、灵活、高效的无线传感器综合性管理,有机地整合网元设备的管理机制,实现分布式传感器网络综合管理系统,提高网络的信息采集和管理效率,形成无线传感器网络与移动通信网络、互联网相融合的业务平台以及优化的无线通信传输和资源分配技术。

无线传感器网络的网络管理系统应该遵循以下几项设计原则:

1）能量高效。这是无线传感器网络管理设计的一个重要指标。

2）故障容忍。这是由于无线传感器网络出现故障比较频繁（如链路中断、节点死亡/加入、节点软硬件故障等），网络管理设计需要充分考虑各种故障及其恢复处理。

3）分布式检测。要求传感器节点具备局部网络连通、节点状态、服务模式等方面的分布式检测能力，以适应网络分布式检测和分布式管理控制的要求。

4）轻量级软件与在线升级。一般传感器节点的存储容量较小，无法安装占用较多内存的大型软件，因此必须采用轻量级软件；同时，已经部署的网络节点的软件很难以人工方式升级，因此需要支持在线软件升级与任务部署。

5）远程诊断与管理。无线传感器网络常常部署在不适合人员进入的地域，因此支持有效的远程网络诊断与管理是无线传感器网络服务的必要内容之一。

6）自适应性。网络管理设计需要支持网络动态变化，支持网络重新配置，如网络拓扑改变、节点能量级变化、传感覆盖和通信覆盖变化下的网络自动配置和自动组织。

7）可开发性。通过建立开放的管理模型，支持未来可扩展、可升级能力。

8）兼容性。要求充分适应已有的传感器网络协议和技术。无线传感器网络的网络管理设计应能支持已有传感器网络协议的灵活选择，以充分利用现有技术。

当前，已经有了一些面向无线传感器网络的管理模型和系统出现。例如，采用 SNMP(Simple Network Management Protocol)的管理思路，通过建立无线传感器网络信息模型，将网络中需要管理的内容映射到信息模型中，由代理进行信息的更新和维护。

11.2.3　技术标准化

标准化是无线传感器网络向产业化发展的重要方面。一般来说，标准化包括技术体系、协议标准、接口规范、编址、术语等方面的内容。当前，我国在信息产业领域的标准化话语权很小，严重阻碍了我国成为信息产业强国。无线传感器网络是一个新兴的技术领域，在这一领域我国与国际几乎同步启动研究。当前，中国传感器网络标准化工作组已经正式成立，并已经对多个项目正式立项，以推动传感器网络领域的标准化工作。同时，我国也积极参与了 ISO/IEC JTCI(ISO/IEC 信息技术委员会)等国际标准化组织的传感器网络标准化工作,参与了 IEEE 802.15.4 无线个域网标准化制定工作。希望通过积极努力,在无线传感器网络标准化领域争得国际话语权。

在无线传感器网络国际标准化方面,ISO/IEC JTCI 已经于 2007 年正式成立传感器网络标准化研究组,以推动传感器网络标准体系的制定工作。我国是其中的主要成员之一,对标准体系及信息处理等方面的提案做出了积极贡献。IEEE 在 802.15.4—2006 标准的基础上,推出了 802.15.4 e 标准,以期通过信道跳频来对抗 IEEE 802.15.4 工作频率上的干扰,提高传输可靠性。同时,还推出了 802.15.4c 这一中国无线个域网标准,以期在 780 MHz 上推动个域网在中国的应用与发展。

11.2.4　网络互联融合

无线传感器网络是一种新型的信息感知和数据采集网络系统,能够获取各种详尽、准确的环境数据或目标信息,实现对物理世界的感知。由于无线传感器节点本身的通信范围有限,服务范围也受到限制,需要能够扩展无线传感器网络服务范围的技术手段。因此,无线传感器网络需要与蜂窝移动通信网、互联网等现有信息通信网络实现有效的互联融合,才能更好地扩展无线传感器网络的服务范围,使无线传感器网络的应用前景更为广泛。与此同时,无线传感器网络与蜂窝网和互联网等现有网络的互联融合,将扩大蜂窝网和互联网等网络的覆盖区域和业务范围,为人们更好地提供无所不在、方便快捷的通信服务。此外,随着物联网发展需求的不断增加,无线传感器网络与蜂窝网和互联网的互联融合将为实现物联网的各种应用构建重要的基础。

11.3　无线多媒体传感器网络

无线多媒体传感器网络(Wireless Multimedia Sensor Networks,WMSN)是一种能够获取和处理视频、音频、图像和标量传感数据等多媒体信息的无线传感器网络。与普通无线传感器网络相比,无线多媒体传感器网络具有其不同的特征和设计要求。本节介绍无线多媒体传感器网络的网络特征、网络应用、网络结构及其关键技术。

11.3.1　网络特征

无线多媒体传感器网络是由一些能够获取和处理音频、视频、图像和各种标量数据或信息的传感器节点或设备通过无线信道连接组成的一种无线传感器网络。近年来,随着微电子技术的快速发展,传感器硬件不断趋于微型化,且成本不断降低,大大促进了无线多媒体传感器网络的发展。当前,先进的 CMOS 图像传感器可以用单个芯片对视觉图像进行捕获和处理,代替了过去的电耦合器件(Charge-Coupled Device,CCD)技术,使低能耗的视觉传感器得以广泛应用,而且 CMOS 的图像质量也可以达到中档 CCD 的图像质量。CMOS 技术可以把图像传感器和图像处理算法集成到一个芯片里,同时具有图像抖动控制和图像压缩的能力。与传统的分离芯片技术相比,CMOS 图像传感器具有体积小、亮度高、能耗低等特点。因此,它非常适合在多媒体传感器网络节点中使用,也给视频传感器网络提供了非常适合的视频输入设备。

无线多媒体传感器网络可以看作是人类神经系统的超时空延伸。例如,视频传感器网络将提供人类超视距、多频谱、多角度、目标精确定位等协同的视觉系统;声响传感器网络将提供人类多谱段、跨地域、精确测向等协同的听觉系统等。这些多类型传感器网络的协同组合形成人类神经系统的有机扩展。多媒体传感器网络与互联网、蜂窝网及执行器等相结合,使网络连接不再只是承载数据业务的虚拟空间,而是一个更为真实的物理世界,它将提供给人们一个崭新的生活和工作方式。

无线多媒体传感器网络不同于常见的基于固定基础网络设施的有线视频监控系统。有线视频监控系统中,视频数据首先通过有线方式传送到控制中心,进行储存或由操作员进行实时屏幕监控;这种集中操作方式导致操作员负担重、效率低,可扩展性差,应用环境有限,部署成本高。无线多媒体传感器网络也完全不同于传统的用于监测温度、湿度、压力等环境特征的标量传感器网络(Scalar Sensor Network),它在网络布设、信息采集、协同感知、网内信息处理、实时传输和服务质量(QoS)等方面都提出了许多新的技术挑战。

11.3.2　网络应用

无线多媒体传感器网络可以广泛地应用于战场侦察、环境监测、智能交通、健康医疗、公共安全等领域。

1)战场侦察:无线多媒体传感器网络可以用于战场侦察,为指挥作战提供多视角、多谱段的实时或近实时的战场环境信息。例如,灵巧传感器网络(Smart Sensor Web,SSW)是美国陆军针对网络中心战的需求所开发的一种新型传感器网络系统。该系统通过在战场上布设大量各种类型的传感器,收集各种战场感知信息,并传送到各数据处理中心,以便向相关作战人员提供实时或近实时的战场信息,包括从地面、空中、海上获得的高分辨率数字地图、三维地形特征、多重频谱图形等信息。

2)环境监测:无线多媒体传感器网络可用于各种环境监测的目的。例如,视频、图像、声音、温度、湿度等传感器可以部署在野生动植物栖息地,对野生动物或植物的生存状态和栖息地的环境参数进行监测。视频传感器阵列可以用来监视和研究沙洲的形成及演变过程。

3)智能交通:部署在城市的各个路口、交通要道的大量视频摄像头可以用来监测城市中或高速公路上的车流量信息,并提供交通引导建议,以抑制交通拥塞的发生。基于无线多媒体传感器网络的智能停车建议系统能够监测停车空位,并自动向司机提供停车建议,从而改善市区的停车位使用状况。

4)健康医疗:远程医疗传感器网络可以与第三代蜂窝移动通信网络结合,能够提供各种健康医疗服务。在这种系统中,病人携带医疗传感器来监测体温、血压、心电图和呼吸活动等,远端医疗中心通过视频和音频传感器、位置传感器、运动传感器对病人进行远程监视,这些传感器可以嵌入在各种手腕装置中。由可穿戴传感器或视频和音频传感器组成的传感器网络能够及时发现病人的紧急状况,并立即请求远端助理服务或通知病人的亲属。

5)公共安全:无线多媒体传感器网络可以用来增强现有的安全监视系统,对一些公共场所、私人领地或犯罪事件多发地区进行监控,以对付犯罪和恐怖袭击,保障社会秩序和公共安全。例如,音频和视频等传感器可以布设在建筑物、机场、地铁和其他重要设施,如核电站、通信中心等场所,识别和跟踪可疑人员,提供实时报警,保障这些场所和设施的安全。

11.3.3　网络结构

无线多媒体传感器网络有3种典型的网络结构,分别是单层同构网络、单层异构网络和多层异构网络。在单层同构网络结构中,视频等传感器节点自组成网,各节点的地位对等,节点可以按星型或树型结构接入 sink 节点,向 sink 节点路由和传送数据包。单层异构网络相对单层同构网络有更多类型的传感器节点,网络结构和路由方式相似。

多层异构网络则是一个由多个同层异构网络级联而成的多层网络结构。无线多媒体传感器网络的网络结构对于网络性能和服务质量会有很大影响。为了支持不同应用的需求,无线多媒体传感器网络的网络结构需要具有良好的扩展性与兼容性。

11.3.4　关键技术

无线多媒体传感器网络设计中的关键技术问题主要包括组网与传输技术、覆盖与部署技术、信源编码技术等。

1. 组网与传输技术

从组网的角度看,无线多媒体传感器网络涉及大数据量媒体的实时传输,需要网络提供可控的服务质量保障技术,具体包括支持多媒体流、结合网络特性和服务质量要求的路由选择机制;支持服务质量的 MAC 接入技术;支持可变服务质量保障、节能与自适应多媒体流编码的跨层组网技术。无线网络的服务质量保障和网络资源优化利用是一个复杂的问题,它涉及网络体系架构的各个层面,需要采用跨层设计思想,同时考虑节能、资源分配、动态编码、网络协议设计等各个方面,是无线多媒体传感器网络设计与部署的一个重要研究方面。

从传输的角度看,多媒体业务对于传输带宽和能量效率提出了更高的要求,传统的无线传输方式对于无线多媒体传感器网络来说,并不一定是最佳选择。定向天线以及近年来得到快速发展的多入多出技术(Multiple-Input Multiple-Output,MIMO)为解决这一问题提供了良好的技术前景。MIMO 技术使用多个通信通道同时传送和接收数据,多天线系统就是一种典型的 MIMO 系统。MIMO 技术具有很高的频谱效率和能量效率,但由于无线传感器节点受体积、处理能力的限制,不可能在单个节点上集成多个收发天线。为此,结合无线传感器网络的特征,可以考虑采用分簇的策略,将距离比较近的多个节点按照某种机制形成一个簇,多个单天线节点就形成一个虚拟的多天线系统。与单天线系统相比,在同样的发射功率和给定的误码率条件下,虚拟多天线系统能够支持更高的数据传输率。因此,它非常适用于无线多媒体传感器网络。

在无线多媒体传感器网络中,应用虚拟 MIMO 技术有其特殊性,主要包括以下 3 个方面:

1)在无线多媒体传感器网络中,对于能量效率的要求并不像传统传感器网络要求那么高,而对于带宽、传输效率的要求则更高。

2)在无线多媒体传感器网络中,簇内的节点检测到的事件一般具有较大的相关性,如何减小或去除事件的相关性对于进一步提高传输效率具有很大的影响。

3)由于相邻节点监测到的事件相关性较大,在无线多媒体传感器网络中应用虚拟 MIMO 技术时对于节点间协同性的要求也更高。

当前国内外已有不少在传统无线传感器网络中应用虚拟 MIMO 技术的研究,但尚停留在试验阶段,仍然缺乏可实用性。

2. 覆盖与部署技术

在网络覆盖与部署方面,普通的标量传感器(如温度、湿度传感器等)通常遵循全向感知特性,且感知到相同环境特征的两个传感器很可能是相邻的。与之不同的是,视觉传感器(如摄像机等)是有向的,从不同角度监测同一目标的两部摄像机常常在地理上是不相邻的,因此在所生成的无线网络拓扑中也是不相邻的。这种感知特性对面向视听协同感知的多媒体传感器网络的覆盖理论和网络协议设计将产生很大的影响。目前,基于全向和有向感知模型的无线网络覆盖和部署理论已经得到广泛研究,包括基于概率感知的网络覆盖模型和基于布尔感知的网络覆盖模型。在基于概率感知的网络覆盖模型中,节点对邻近区域的检测概率由距离、节点特性决定,而在基于布尔感知的网络覆盖模型中,感知半径内事件检测的成功概率为 1,而感知半径之外事件检测的成功概率为零。网络覆盖的具体研究问题包括:基于一定覆盖满意度之下的最优网络部署;基于 k-覆盖的网络优化部署及节点休眠机制以及容错、抗毁网络部署;满足给定服务质量要求条件下的覆盖范围最大化等。面向多样性感知模型的协同处理、网络覆盖、节点部署和网络性能的相互关系及性能优化是无线多媒体传感器网络设计与部署中亟须解决的问题之一。

3. 信源编码技术

多媒体信源编码对于压缩多媒体数据量、保证视频与音频信号的质量能够起到很大的作用。无线多媒体传感器网络的有损信道特性以及能力较弱的传感器节点执行编码而能力较强的汇聚节点(或后台服务器)执行解码的特征,要求适用于无线多媒体传感器网络的信源编码算法满足以下主要设计目标:

1)高压缩率。由于未经压缩的多媒体流传输会消耗大量的带宽和能量,编码算法应具有较高的压缩率。

2)低复杂度。由于信源编码在传感器节点中进行,且传感器节点的处理能力有限,编码算法的设计应尽量简单。

3)高可靠性。由于无线信道的有损特性,编码算法应能够有效保障在高丢失率无线环境下的连续码流传输。

4)可变速率。由于无线信道的动态特性,编码算法应能够结合无线信道可用资源的时变特性而动态调节编码速率。

分布式信源编码是实现多个传感器节点有效协同感知、协作编码、提供高质量多媒体服务的一项重要技术。但是,虽然分布式信源编码在理论方面已经有了较好的基础,如何将这一技术应用到节点能量较低、处理能力较弱的无线多媒体传感器网络,仍然有待深入研究。

11.4　无线容迟传感器网络

无线容迟传感器网络(Wireless Delay Tolerant Sensor Networks)是一种面向容忍高延迟服务的无线传感器网络。与普通无线传感器网络相比,无线容迟传感器网络具有其不同的特征和设计要求。本节介绍无线容迟传感器网络的网络特征、网络应用及其关键技术。

11.4.1　网络特征

前文已经指出,不同的无线传感器网络应用对于网络传输性能的要求往往是不一样的。根据所能容忍的延迟程度,无线传感器网络应用可以划分为实时性应用和非实时性应用两大类型。前者通常要求数据能够及时传送,如森林火灾监测、煤矿瓦斯监测、地震报警等应用,传感器节点一旦检测到关注的事件发生,应该立即向基站或监控中心报告;后者则通常能容忍较大的传输延迟(简称"容迟"),如用于科学研究的数据收集、野外生态环境监测、地质活动状态跟踪等应用。在此类应用中,传感器节点的测量数据只需定期传送给基站或控制中心即可。这种对网络延迟的可容忍性即是无线容迟传感器网络的主要特征。在传统的无线传感器网络研究中,由于通常不考虑延迟约束差异的影响,设计的网络架构与组网协议在资源消耗和部署成本等多个方面并不完全适合容迟类型的应用。具体地说,传统的无线传感器网络架构遵循分层设计思想,网络层以下的通信基础设施不对上层应用做任何假设和具体要求,在连通的网络上提供尽可能低延迟的传输服务。因此,对于大范围的观测区域,传感器节点需要较为密集的部署以保证多跳网络的连通性。由此形成的大量的辅助传输节点将导致系统部署成本激增,而另一方面多跳无线传输链路也较难维护,这两方面的因素已经成为无线传感器网络大规模应用的一个主要障碍。

对于可容忍较大延迟的网络应用来说,密集部署传感器节点能够提供超过应用需求的传输延迟性能和服务,但不能针对具体的应用在成本和性能之间给用户提供折中选择的空间。为了解决这一问题,通常可以在满足应用传输延迟性能需求的条件下,通过减少参与工作的传感器节点个数、降低网络的连通性来降低网络部署和运行维护的成本。例如,密集部署的传感器节点使用超低占空比工作,同一时刻大多数节点都处于休眠状态,以延长网络生命周期,此时转发数据可能会在中间路由节点上存放一段时间;也可以在观测区域稀疏部署传感器节点,通过一些区域内的移动辅助节点帮助数据传输,或利用移动可控的辅助节点按照预定路径在区域内巡回传输数据;还可以将传感器节点部署在移动物体上检测环境信息或追踪移动目标等。

与现有假设大多数时候都是连通的网络架构不同,容迟网络的节点数量相对稀少,网络中几乎没有一条端到端的连通路径,因此传统无线传感器网络的路由机制难以适用,传统路由机制通常假设通信节点之间存在至少一条端到端路径,并在传输用户数据之前以先应式(Proactive)或反应式(Reactive)的方式寻找或建立路径,当消息到达某个节点时,如果其路由表中没有到达目标节点的路由工页,消息将被丢弃。在容迟网络中,数据传输需要采取"存储—携带—转发"或是"存储—转发"的路由机制。

11.4.2　网络应用

无线容迟传感器网络在环境监视、生态监测、战场侦察与监测等领域有着广泛的应用前景。目前,国外研究人员在这方面已经进行了初步研究和探索,并开发出一些针对不同应用的试验网络,这些实际运行的试验网络初步验证了容迟传感网上数据传输的可行性。下面分别介绍几种典型的试验网络。

1)ZebraNeL(斑马监测网):是一个用于追踪非洲草原斑马群的无线传感器网络由安装在斑马脖子上的低功耗传感器和移动基站组成。由于监视区域广阔,而斑马的密度相对稀疏,因而 ZebraNeL 是一个容迟传感器网络。所监测的斑马生态数据存放在传感器节点上,当遇到移动基站时转发数据。

2)SWIM(Shared Wireless Infoslation Model):是一个用于监视海洋鲸鱼生态的水下传感器网络,由嵌入在鲸鱼身上的特殊标签(Tag)设备和部署在水面的浮标或海鸟身上携带的基站组成。鲸鱼身上的标签设备周期性地收集监控数据,当两头鲸鱼相遇时,它们的 Tag 设备相互通信并交换数据,每头鲸鱼不仅存储自身数据也携带了遇到的其他鲸鱼的数据,通过鲸鱼的移动,数据被复制并扩散到不同的鲸鱼上,直到遇到部署在水面的浮标或飞过的海鸟身上携带的基站。

3)Metro Sense(城市感知):是一种用于城市环境监控的无线传感器网络。将传感器节点嵌入到人们手持的终端设备中,利用人群的自然移动,实现数据收集。Metro Sense 的优点在于直接利用大量普及使用的手持设备作为传感器节点和运输载体,很大程度上降低了数据采集的成本。在 Metro Sense 中,网络的规模即现实生活中可以参与通信与数据采集的节点数目随时间不停变化,相应的数据传输、数据查询机制也被设计成具有自适应可调的能力。

4)SeNDT(Sensor Network with Delay Tolerance):是一个用于湖水质量监测的无线传感器网络。为了降低成本,SeNDT 将少数传感器节点随机布撒在湖中,对湖水质量数据进行采集。由于节点稀疏且水下通信环境恶劣,SeNDT 将辅助节点安装在湖面按预定路线行驶的小船上,以实现数据传输。

5)Cartel:是一个基于车辆传感器的信息收集和发布系统,可以用于环境监测、路况收集、车辆诊断和路线导航等方面。安装在车辆上的嵌入式 Cartel 传感器节点,负责收集和处理车辆上多种数据,包括车辆运行信息和道路信息等。使用 WiFi 或 Bluetooth 等通信技术,Cartel 节点在车辆相遇时可直接交换数据,同时 Cartel 节点也可以通过路边的无线接入点将数据发送给 Internet 上的服务器。

无线容迟传感器网络针对延迟不敏感的网络应用,以降低系统实现成本为主要目标,能根据数据传输的延迟需求采用不同的数据传送策略,具有较好的健壮性和可扩展性。同时,由于大多数无线传感器网络应用对数据传输的实时性要求不高,但对系统的生命周期与系统的可用性有较高要求,如前文提及的森林生态监测、野外实验数据采集等,在这些应用领域,无线容迟传感器网络有着广泛的应用前景。

根据网络节点移动性的不同,无线容迟传感器网络可以分为 3 种类型:全静止节点网络、全移动节点网络、静止和移动节点混合网络。

1. 全静止节点网络

在全静止节点网络中,各节点按超低占空比方式工作,在大部分时间处于休眠状态,仅在小部分唤醒时间进行数据的正常收发,以降低功耗。因此,网络拓扑在大部分时间都是非连通的,网络通过合理的休眠调度将数据成功地从源节点发送到目标节点。全静止节点网络的结构与普通传感器网络结构类似,部署在监测区域中的数据采集节点经过一跳或多跳无线链路将数据发送给一个或多个汇聚节点。

2. 全移动节点网络

在全移动节点网络中,所有的移动节点都具有采集数据和转发数据能力,节点移动可以是随机的,也可以是可控的。这一类网络架构较为灵活,传感器节点随机移动。ZebraNet 和 SWIM 均属于这一类网络,传感器节点随监测对象移动,而 Metro Sense 则是使用随机移动的传感器节点实现对目标区域的移动覆盖。

3. 静止与移动节点混合网络

在全静止节点网络中,各节点可获知全网状态信息,节点之间的通信机会是"可调度"的,节点采用"存储一转发"机制将数据传送给汇聚节点。但是,当网络节点部署稀疏时,这种方式将无法运行。为了解决这一问题,一方面可以通过引入一些移动节点来提高网络的连通性,辅助传感器节点进行数据传送,这种方式能显著提高网络的容量。另一方面,在传统的无线传感器网络中,一定比例节点的失效将导致网络无法正常工作,此时可根据情况加入少量的移动节点使网络得以重新正常运行,这对于无线传感器网络的一些应急型应用(如抢险救灾等)具有重要的意义。

根据移动节点的移动模式,这种混合网络又可分为两种类型:具有可控移动辅助节点的网络和具有随机移动辅助节点的网络。对于具有可控移动辅助节点的网络,其网络结构相对简单,采用两层结构,分别由稀疏部署在监测区域中的传感器节点和按固定轨迹移动的数据收集辅助节点组成。数据收集辅助节点按预先规划的固定轨迹移动,收集附近传感器节点的数据,并携带回数据中心。SeNDT 网络系统属于这种网络类型。具有随机移动辅助节点的网络一般按 3 层网络结构组织,如针对节点稀疏部署的无线传感器网络应用提出的 DataMULEs 网络结构,共包括 3 个层次:顶层是接入骨干网的"接入点";中间层由可移动的传输代理构成,称为"移动泛在的局域网扩展设备"(Mobile Ubiquitous LAN Extension,MULE);底层则由随机部署的、位置固定的传感器节点组成。

MULE 在网络中随机移动,在遇到传感器节点时将收集该节点的感知数据,在遇到接入点时将缓存的感知数据全部发送给接入点。Data MULEs 网络结构适用于监测广阔区域的数据采集应用,如城市交通状况的信息采集等,它假设在实际应用中接入点可以均匀部署在整个网络区域内,MULE 的密度和随机移动性能保证覆盖到整个网络区域,使得网络中的所有传感器节点都能被访问到。

11.4.3　关键技术

无线容迟传感器网络设计中有许多技术问题需要解决,其中关键的技术问题是基于节点休眠调度技术和基于转发的路由技术。

1. 基于休眠调度的路由技术

对于全静止节点的容迟传感器网络,其关键技术问题是节点的休眠调度和与其相应的路由技术,即如何合理地调度各传感器节点的休眠模式,并实现高效的数据传输,在满足应用性能要求的前提下,尽可能延长网络的生命周期。

针对上述问题,文献研究了节点按不同周期调度休眠的消息路由机制,提出以路径总延迟作为端到端的路由性能测量指标,并提出一个在通信不频繁时的按需最小延迟路由机制和一个适合节点频繁通信的先应式最小延迟路由算法基于"路由转换点(Route Transition Point)"对路由进行更新,可以大大减少路由重建的开销。

2. 基于机会转发的路由技术

对于全移动节点的容迟传感器网络,其关键技术问题是如何设计高效的路由协议,以降低网络开销,提高数据的成功传递率。

在这方面,文献针对城市范围内的流感病毒收集等应用提出了一种由稀疏移动的传感器节点和基站组成的 MSN 网络模型,并提出了一种基于节点传输概率和消息容错度的消息转发机制。在该机制中,一个持有消息的节点向其相邻节点转发该消息的概率和该相邻与目标节点的相遇概率有关。每个节点维持自己到达目的节点的传输概率(可能随时间而变)。每个消息能够在网络中扩散的最大复制数与该消息允许的容错度有关。随着一个消息在网络内的扩散,某些网络节点的消息冗余度不断提高。为了有效控制网络开销,节点将只转发冗余度小于一定阈值的消息。

11.5　无线传感器与执行器网络

无线传感器与执行器网络(Wireless Sensor and Actor Networks, WSAN)是一种感知和控制相结合的网络。与普通无线传感器网络相比, 无线传感器与执行器网络具有其不同的特征和设计要求。本节介绍这种传感器网络的网络特征、网络应用、网络结构及其关键技术。

11.5.1　网络特征

无线传感器与执行器网络(WSAN)是由传感器节点和执行器(Actuator)节点组成的一种分布式、无线异构网络系统,它具有观测物理世界、采集数据、处理数据、动作执行等多种能力。在这种网络中,感知和动作执行是由传感器和执行器节点完成的。传感器节点负责采集物理世界的信息,然后以单跳或多跳的方式将采集的信息或数据发送给执行器节点。

执行器通常是一些具有更强处理能力、更大发射功率、更长电池寿命的设备,如温度调节设备、灌溉设施控制器等,能够在接收到传感器节点的数据或 sink 节点命令后执行预定的动作,改变对象环境,或调节工作参数,与无线传感器网络一起构成完整的闭环系统。无线传感器与执行器网络技术的发展使得系统的人员值守需求进一步降低,更加人性化与智能化,是未来无线传感器网络技术发展的重要方向之一。

11.5.2　网络应用

无线传感器与执行器网络可广泛用于各类控制系统以及监护系统,如室内温控、智能交通、智慧医疗、精准农业等,有些系统已投入实际应用,也有一些系统尚处于研究和开发阶段。

1)室内温度控制系统:用于数据中心温控。固定部署的传感器采集机房内与机架的环境温度,并将温度信息反馈给制冷系统与数据中心的任务调度服务器,用于控制制冷设备,以保证室内温度处于一定的范围。

2)车辆安全控制系统:用于车辆安全控制,通过在车辆上安装一系列的传感器,预测其他车辆的位置,将信息反馈给车辆控制系统,启动车辆制动设备,避免撞车事故发生。同时,车辆上的传感器节点基于无线链路交换信息,以提高预测准确度,为系统可靠性提供保障。

3）农田自动灌溉系统：用于农田自动灌溉，利用传感器收集土壤含水量信息，对于干燥区域将自动开启指针式喷灌机进行灌溉。

4）地下水管排水控制系统：用于地下水管排水控制，如西门子公司在美国查尔斯顿构造了 SCADA 网络，用于控制地下水管网的排水。通过在地下排水系统中部署传感器网络，检测城市各处的溢流事件，当事件发生后通过无线网络报告执行器节点控制排水阀门的开合，并设定开启量，保证水流顺利排出。

11.5.3　网络结构

传感器节点和执行器节点是两类具备不同处理能力与通信能力的异构节点，传感器节点通常能量受限，通信能力与处理能力均比较弱，需要相对密集部署以保证链路连通；执行器节点成本造价更高，功能更强，因此需要的数量较少。同时，执行器节点还可能是移动车辆或机器人携带的活动节点。根据不同的应用需求以及系统设计，传感器与执行器间的数据交互既可以通过 sink 节点进行集中式交互，也可以分布式进行。因此，无线传感器与执行器网络结构可以划分为两种类型：集中式结构和分布式结构。

1. 集中式网络结构

在集中式网络结构中，执行器节点与传感器节点形成单独的数据通路，分别接入 sink 节点，sink 节点可以根据收集到的全局感知信息启动执行器节点实现特定任务目标。集中式组网方式具有信息完全的优势，能够做到对执行器节点以满足任务为目标的最优调度。

2. 分布式网络结构

在分布式网络结构中，监测区域被划分为若干子区域，位于子区域中的执行器节点与周边传感器节点形成簇，执行器节点获取簇内传感器节点的感知信息，并依此进行行为决策。基于分布式网络结构，传感器的数据信息在本地处理，无需发回给 sink 节点，大大减少了传输数据所消耗的能量与网络资源开销。虽然在调度精度以及全局优化方面不及集中式网络结构，但由于网络生存周期对于无线传感器网络系统十分重要，因此分布式网络结构在实际的无线传感器与执行器网络系统中使用更加广泛。

11.5.4　关键技术

无线传感器与执行器网络能够在长期无人值守的状况下运行，异常事件应急处理将是其应用的主要方面。为满足应急使用的需求,无线传感器与执行器网络的协议设计通常有严格的实时性与可靠性约束。但由于传感器节点能量严重受限,通常需要采取节点休眠机制以延长网络的生命期,这给网络协议的设计提出了许多技术挑战。为了实现低延迟、高可靠的数据传输,网络协议设计的关键是传感器节点与执行器节点之间的协作机制设计。传感器节点需要低延迟、低能耗地向执行器节点传送数据,同时还需要考虑事件范围的蔓延状态,选择合适的执行器节点作为数据传输的目标节点。执行器节点需要根据当前的能量状况和能力范围分配执行任务,以达到能量使用及响应时间的最优。对于静止的执行器节点,需要选择最小工作节点子集,并且考虑节点的运行能耗、响应时间特性;对于移动的执行器节点,还需要结合执行器节点的运动方式以及移动轨迹。

无线传感器与执行器网络的节点协作可以划分为执行器与传感器节点间的协作和执行器节点间的协作。传感器节点与执行器节点间协作的关键是在给定延时限制时,构造从传感器节点向执行器节点的最小能耗路由树。在这方面,文献提出了一种分布式路由树构造机制,该机制基于节点的地理位置信息,按需建立事件区域范围内的、从多个传感器节点到执行器节点的路由树。文献针对移动的执行器节点提出了一种传感器节点与执行器节点之间的协作机制。在这种协作机制中,执行器节点在移动过程中周期性广播当前的位置信息,接收到该信息的传感器节点将使用卡尔曼滤波预测执行器节点在当前时刻的位置,从而构造基于地理位置信息的路由树。对于多个事件同时发生的情况,文献提出了一种基于优先级排序的协作机制。采用这种协作机制,传感器节点形成以执行器节点为根的路由树,可以逐级地融合并汇报数据。当中间传感器节点或执行器收到多个事件汇报时,将根据事件的紧急程度以及估计的执行时间进行优先级排序,依次转发数据或响应事件。

执行器节点间协作的关键是执行任务的分配,保障多执行器对事件区域的联合覆盖,以及快速响应,同时还要尽可能地减少执行器节点的能量消耗。执行器节点任务的划分可以通过对等协商,也可以通过集中指派。文献中仿照市场行为,使执行器节点对等协商主动承担任务的执行。首先基于执行器节点的位置划分责任区域,而后基于拍卖原则将任务的执行划归到不同的执行器节点。在拍卖过程中,执行器节点根据估计的完成任务所需要能量与时间开销进行出价,价高者将获得执行机会。在集中指派的任务分配方式中,控制中心需要综合考虑网络中各执行器节点的能量状况和位置,进行任务分配;如使用混合模拟退火的微粒群算法,统一安排在执行器节点上的任务执行周期,最小化任务的最大完成时间。

11.6　无线传感器网络的标准化趋势

无线传感器网络的标准化是无线传感器网络应用发展和推广的十分重要的方面。近年来,国内外各标准化组织和企业机构都在纷纷开展无线传感器网络的标准化研究工作,并取得了积极的进展。本节简要介绍国内外传感器网络标准化的研究现状与发展趋势。

我国传感器网络的标准化工作起步较早,国家标准化管理委员会于 2009 年 9 月批准成立国家传感器网络标准化工作组,并在 2009 年先后成立 8 个项目组,确立 6 项标准计划。该标准化工作组是由全国信息技术标准化技术委员会领导的全国性技术组织,目前已经成为我国在无线传感器网络领域内具有号召力和推动力的标准化组织。

国家传感器网络标准工作组的主要任务是根据国家标准化工作的方针政策,研究并提出有关传感器网络标准化工作方针、政策和技术措施的建议;按照国家标准制定及修订原则,以及积极采用国际标准和国外先进标准的方针,制订和完善传感器网络的标准体系。提出制定和修订无线传感器网络国家标准的长远规划和年度计划的建议;根据批准的计划,组织传感器网络国家标准的制定和修订工作及其他标准化有关的工作。目前,国家传感器网络标准工作组已经有 70 余个单位加入,包括该领域内各个行业、大专院校、通信运营商和研究院所中的主要单位。

传感器网络标准体系由感知层技术标准体系、网络层技术标准体系和应用层技术标准体系组成,其中感知层技术标准体系包括传感器、二维条码、RFID、多媒体设备等数据采集技术标准和自组织网络关键技术标准;网络层技术标准体系包括各种网关标准和接入网技术标准以及异构网融合、云计算等承载网支撑技术标准;应用层技术标准体系包括信息管理、业务分析管理、服务管理、目录管理等传感业务中间件标准和环境监测、智能电网、智能交通、工业监控等传感网应用子集标准。

随着无线传感器网络研究与应用的不断发展,无线传感器网络已经引起了国际标准化组织(ISO)、国际电工委员会、国际电信联盟(ITU)、互联网工程任务组(IETF)、美国电气与电子工程师协会(IEEE)等国际标准化组织的极大关注,并纷纷开展针对无线传感器网络的国际标准的研究和制定工作。下面简单介绍各国际标准化组织已经开展的无线传感器网络标准化工作的现状和趋势。

1. ISO/IEC

2009 年 6 月，ISO/IEC JTCI（ISO/IEC 信息技术委员会）对传感器网络安全框架进行了 C、D 阶段的投票工作，并在 2009 年 6～7 月的挪威会议上收集了来自智能电力、工业控制、家庭网络 3 个领域的意见，对传感器网络标准讨论组的工作范围作了初步界定，在 ISO/IEC JTCI 下建立了传感器网络研究组（Study Group on Sensor Networks，SGSN）。我国在该研究组的成立过程中扮演了重要的角色，为推动 SGSN 建立新工作组做出了重要贡献。在 2009 年 10 月的 JTCI 全会上，JTCI 正式宣布成立传感器网络工作组（JTCI WG7），正式开展传感器网络的标准化工作。2009 年 10 月在以色列特拉维夫，我国又提出了设立协同信息处理新工作项目的提案。在 ISO/IEC JTCI 传感器网络标准方面，我国代表正在负责编写、组织召集相关国际标准提案，具体包括传感器网络系统架构、智能电网中传感器网络应用与接口标准、智能传感器网络中的协同处理服务和接口标准。2010 年 3 月，我国提交了一项关于传感器网络信息处理服务和接口规范的国际标准提案，该提案现已通过新工作项目投票，成为我国第一个在国际标准化组织取得立项的传感器网络领域的国际提案。

2. IEEE

IEEE 于 2006 年发布的 IEEE 802.15.42006（原 IEEE 802.15.4b）标准，已经被作为 ZigBee 的底层标准。另外，技术的发展和应用需求的演变对低速短距无线个域网标准化提出了新的要求。相应地，IEEE 有以下几个方面的相关标准化工作正在进行之中。

（1）IEEE 802.15.4c 标准

IEEE 802.15.4c 是一个面向中国无线个域网（C-WPAN）的技术标准。国际上无线个域网采用的频段是 868 MHz/915 MHz/2.4 GHz，我国无线个域网批准的频段是 779～787 MHz。

2006 年 7 月，在 IEEE 802 标准会议上，结合中国无线个域网技术和应用发展现状，当时的 IEEE WPAN（无线个域网）标准委员会主席 Bob Heile 博士提议是否可以在 IEEE 中成立一个专门的工作组，负责探讨中国无线个域网标准技术问题以及与目前已经通过的 IEEE 802.15.4b 标准合作的事项。这一提议随即在同年 7 月 19 日召开的会议上全体通过。这个工作组的目的非常明确，即研究讨论中国正在制定的无线个域网标准技术问题，研究 IEEE WPAN 标准与中国标准技术合作的可能性，并最终使得新的 IEEE WPAN 标准可以兼容中国无线个域网标准技术。从 IEEE 发展的历程上看，这是第一次推动了 IEEE 标准协会成立一个与中国标准技术合作的工作组，中国的技术和标准将影响 IEEE 新的 WPAN 标准发展，这对全球短程无线网络芯片市场和应用有着极大的促进作用。该标准已于 2009 年 3 月 1 日被 IEEE-SA 标准委员会正式批准，成为一个新的 IEEE 标准（已命名为 IEEE 802.15.4—2009）。

（2）IEEE 802.15.4e 标准

IEEE 802.15.4e 工作组的目标是替换已经发布的 IEEE 802.15.42006 标准的 MAC 层，并期望在 2010 年或 2011 年采纳。IEEE 802.15.4—2006 是 IEEE 802.15.4 标准的 2006 年度版本，具体来说，IEEE 802.15.4e 是针对 IEEE 802.15.4—2006 标准提出新的 MAC 修正案，以期更好地支持传感器网络应用市场。

3. IETF

互联网工程任务组（The Internet Engineering Task Force，IETF）制定了《基于 IPv6 的低功耗无线个人网》（6LoWPAN）等标准，包括 RFC4919、RFC4944，内容涉及网络管理、地址分配机制、路由适配、安全措施、应用接口、设备识别等方面。

4. ITU

2005 年，国际电信联盟（ITU）发布了专门针对物联网的年度报告《物联网》，提出物联网是通过 RFID 和智能计算等技术实现全世界设备互连的网络，并指出信息与通信技术的目标已经从任何时间、任何地点连接任何人，发展到连接任何物体的阶段，无所不在的物联网时代即将来临。报告中同时指出，除 RFID 技术外，传感器技术、纳米技术、智能终端等技术将得到更加广泛的应用。

2008 年 2 月，ITU 发布《泛在传感器网络》研究报告认为，随着互联网技术和多种接入网络以及智能计算技术的进步，传感器网络已向泛在传感器网络方向发展，即可以"任何地点、任何时间、任何人、任何物"的形式部署，由智能传感器节点组成的网络。

参考文献

[1]熊茂华.ARM9 嵌入式系统设计与开发应用[M].北京:清华大学出版社,2008.

[2]熊茂华.ARM 体系结构与程序设计[M].北京:清华大学出版社,2009.

[3]杨震伦.熊茂华嵌入式操作系统及编程[M].北京:清华大学出版社,2009.

[4]熊茂华,等.嵌入式 Linux 实时操作系统及应用编程[M].北京:清华大学出版社.2011.

[5]熊茂华,等.嵌入式 Linux C 语言应用程序设计与实践[M].北京:清华大学出版社,2010.

[6]熊茂华,等.物联网技术与应用开发[M].西安:西安电子科技大学出版社.2012.

[7]王汝林,王小宁.物联网基础及应用[M].北京:清华大学出版社,2011.

[8]王汝传.无线传感器网络技术及其应用[M].北京:人民邮电出版社,2011.

[9]张少军.无线传感器网络技术及应用[M].北京:中国电力出版社.2010.

[10]陈林星.无线传感器网络技术与应用[M].北京:电子工业出版社,2009.

[11]林凤群.RFID 轻量型中间件的构成与实现[J].计算机工程,2010(9).

[12]孙剑.RFID 中间件在世界及中国的发展现状[J].物流技术与应用,2007 ,12(2).

[13]丁振华,李锦涛.RFID 中间件研究进展[J].计算机工程,2006,32(21).

[14]王立端,杨雷.基于 GPRS 远程自动雨量监测系统[J].计算机工程,2007(8).

[15]伍新华.物联网工程技术[M].北京:清华大学出版社,2011.

[16]刘琳,于海斌.无线传感器网络数据管理技术[J].计算机工程,

2008(1).

[17]赵继军.无线传感器网络数据融合体系结构综述[J].传感器与微系统,2009(10).

[18]孙利民.无线传感器网络[M].北京:清华大学出版社,2005.

[19]薛莉.无线传感器网络中基于数据融合的路由算法[J].数字通信,2011(6).

[20]成修治,李宁成.RFID中间件的结构设计[J].计算机应用,2008,28(4).

[21]褚伟杰.基于SOA的RFID中间件集成应用[J].计算机工程,2008.34(14).

[22]彭静.无线传感器网络路由协议研究现状与趋势[J].计算机应用研究,2007(2).

[23]蔡殷.基于无线传感器网络的光强环境监测系统设计[D].广州:华南理工大学,2009.

[24]褚文楠.无线传感器网络中间件技术研究及在温室环境监视测中的应用[D].广州:华南理工大学,2009.